【目次】

了解才知美味

知名作家　王宣一

　　這是一本有系統的論述，包含「雞狗豬牛羊鼠馬」等數種肉類食材介紹的書籍，包括肉類的來源、飼養與古今烹煮方法，簡單的說，這也是一本中華飲食之中肉類食物的總整理。

　　中華飲食歷史久遠，飲食文化博大精深，從南到北，由西至東，歷經貧窮或富貴，雞鴨魚肉天上飛的地上走的水裡游的，幾乎除了食物鍊的最上端，可以說是無所不吃，對於飲食的講究，從宮廷到尋常百姓都有不同的見解。所謂「飲食無禁忌」，除了對食物沒有偏見，也對飲食有觀點。一般來說我們習慣食用的豬肉，對於西北地區就全不是那麼回事，甚至現代視為野蠻食物的某些肉類，在某些地區卻是最基本的蛋白質的攝取來源。到底是吃豬肉的人比較文明還是吃老鼠肉的人比較文明？我們從粗食演變到精食，現在又走回最自然的食材與最簡單的烹煮。這些飲食觀念的輪替，代表的是什麼意義？

《六畜興旺》作者朱振藩，在朋友之間大家習慣稱他朱老師。被尊稱為老師，當然有一定程度的學識與涵養，朱老師嗜讀古籍，讀得廣也讀得精，我常常向他請益，尤其是講到中華飲食中某些食材或某道菜餚，朱老師幾乎很快的就能說出其特色、典故和原本的作法，見微知著，學識過人，並且旁徵博引，綜合各家說法，通常還加上本身豐富的閱歷。

　　朱振藩對食物的各種典故不僅是了解，同時他也是實踐者，上天下海追逐美食，更用心於追求食物的最原始的作法。事實上，一種食物一道菜餚，最原來的作法與搭配一定有它的道理，食材和在地的環境有絕對的關係，羊肉所以受到蒙藏族人的喜愛，和天候土地都有不可分的因素，但現在科技千里迢迢的遷移原本土生土長的食材，食材一離開了原本的土地，自然就產生了變化，因此習慣吃豬肉的漢族，對於羊肉的腥味無法接受，以燉煮為主的中式牛肉，若選用草食的澳洲牛也無法做出不柴不澀美味的紅燒或清燉牛肉，澳洲牛肉有他們的吃法，美國牛肉英國牛肉都不相同，中國南方北方當然也不一樣，清燉的、紅燒的、涮鍋的、滷的、炒的種種。朱振藩從典籍之中尋找源頭，充分了解食材原來的產地和作法，才更能引導出食物深層的美味。

　　《六畜興旺》不止是一本肉類食材的教科書或指南，同時也有許多作者個人飲食上的體驗，朱振藩對食材沒有霸道的偏見，他勇於嘗試各種食材和各種作法，他是個真正對食物有研究且熱情的老饕，沒有一般人可以吃的食材是他所不吃的，甚至還吃過許多一般人認為不合時宜的食物，但他這樣大方向的追求美食，並不代表他的品味不夠高雅，相反的，我認為他對於吃過或沒吃的每一種食物，都能說古道今，考究其源起，追溯其作法，品嚐其口味，這種態度是對食物的尊重，而不是對食物的野蠻。

朱振藩的文章和他平日說的笑話，與他勇於冒險品嚐美食一樣的有著一種不合時宜的趣味，那種古早的趣味，卻讓我們重新領略中國古代人的生活情趣和閒情雅意。從這本書裡，我們獲得許多啓發，六畜的巨大世界還有很多我們所不了解的部分，讀這本書，深刻發現自己對食材的蠻橫與無知，偏見與僵化的思考。中華飲食何其精深，了解愈多才會更加珍惜，並且更能善加處理，這才是對食材尊重的一種態度。

我肯定人生是彩色的！
從遇上朱振藩老師開始

主持人、作家　林書煒

　　江湖上盛傳有位美食大師品嚐過五萬道菜、喝過上千種大陸酒及洋酒；且這人只要看一眼菜色的型態與色澤，便能判定這菜的火候與功力；嚐一口食材，便能引經據典，細數其淵源掌故，娓娓道來其中的演變以及各種做法，一點兒不含糊，可謂武功蓋世！

　　嘿嘿，我確定是前輩子修了什麼福氣，竟然有幸開始跟著這位蓋世大師吃起人間美食。初出入門時，朱老師解釋著飲食的三大境界：「食物入嘴第一口感覺，是一種本能，關係到舌頭味覺的生理能力，這是第一境界；伴隨著飲食經驗的拓展，對於食物的賞味能力，就邁入第二境界；至於第三個境界，才是真正嚐得食物真味的境界。」我傻傻的聽，再嚼嚼舌根，心想，此人高深莫測啊！

　　跟著朱大師闖蕩人間美食的這幾年，吃過不少美味，尤其，只要餐廳老闆聽到「朱振藩」名號，往往會傾全力準備最好食材、下最大功夫、搬

出最好絕活，等待的往往是大師的一句稱讚或建言，也便宜了我們這些跟著朱大師的徒子們。朱大師愛吃、敢吃、能吃，對於美食的要求也從不說場面話；我就曾經聽一位親近的姊妹淘Ｗ說著一次，在一家裝潢頂級的餐廳裡，大師低聲對她評論食色的詞句，一針見血到攝人……當天吃的是江浙菜，菜色準備甚有誠意，吃過一輪，卻還等不到大師的一句話……到了最後一道雞湯時，大師不張揚、低調地轉頭對著身旁的Ｗ說出了當天唯一這句對菜色的comment；大師壓低頻率說：「這一道湯有個優點……」，Ｗ此時瞪大眼，湊近，洗耳恭聽。接著，朱大師吐出了幾個字兒：「嗯……這道湯有一個優點……就是夠燙！」

　　如此刁鑽評論的背後，是朱振藩大師對於每種食材考究的超人厚度。

　　如同，這次閱讀朱大師的《六畜興旺》更是興味盎然！牛、羊、馬、豬、雞、狗，外加食鼠趣談；一字一句跟隨著大師的文字神遊到古代去追它們的出身，以為如夢一場時，大師又把我們帶回現實，真切的告訴我們：「精饌美味是追尋得到啊！」朱振藩大師用文學的功底，撈向口腹味覺的美學，他可算是兩岸三地的第一美食藝術家！

　　而我，在朱大師所言的美食三境界中，顯然還在第一境界掙扎、突圍；唯一能掛嘴邊的一點可取優點是，吃東西、喝好酒完全沒有彆扭勁，也從不在意是否失去儀態；美食當前，「衝鋒陷陣」是必備之要啊！

肉食之人何曾鄙

　　我服兵役時，抽中金馬獎，甫出訓練中心，即在壽山待命。搭乘「開口笑」當天，正值風狂浪巨，一路天旋地轉，終於抵達金門，分發至天山幹訓班，而且一直待到退伍。而今回想起來，那段一年又九個月的日子裡，其間有苦有樂，種種況味無窮，但所得最多著，則在飲食二者，當時口福之好，還真羨煞人也。

　　天山幹訓班，乃小徑師士官隊的通稱。本隊的編制，只有十個人，我即為其一。其他的教育班及伙房弟兄，皆由別的營調來。由於當時師長林強，特別重視士官的養成教育，故奉調至此支援者，個個皆為一時之選。其伙食之棒，遠非師部可及，更是有口皆碑。其中，又以編制內的胡玉文君，身手尤了得。早在服役前，即是台北知名餐館「致美樓」的主廚，刀火功高，能燒一手好菜，操辦整席上饌。另，每天早上製做饅頭、豆漿的江君，則是基隆「欣欣餐廳」的點心師傅，味美自不待言。我有幸處其間，加上天性好吃，當然如魚得水，天天悠遊其中，快樂得不得了。

　　伙房除胡君外，另外五位同袍，皆小學未畢業，甚至有未讀小學者。每當我閒來無事，便跑到廚房轉悠，因而廝混得極熟。他們這幾位的家書，一向由我代筆，感情甚篤、水乳交融，自在情理之中。有這革命情

感，凡是有好吃的，我無不先嚐為快，而且吃到過癮。是以軍中歲月，對在金、馬服役的大多數人來說，真是無聊亦復勞累，苦不堪言。我則內心別有寄託，且此中有大快樂處，從未覺得日子難捱。

民國六十八年除夕那天下午，我與文書二人，為了春節應景，分別在康樂室的兩張撞球檯上寫春聯，供同袍張貼於各坑道口（註：本單位落腳處，介於白乳山及雙乳山間的中山紀念林，其前身為裝甲連，住所皆由彈藥庫改成，目前已是金門國家公園所在地）。伙房弟兄覺得有趣，也向我們索取，準備張貼各處。文書林兄大筆一揮，寫下「六畜興旺」四字，原為他們會張貼在豬舍上，沒想到竟貼在自家的門口，還自鳴得意哩！第二天一早，輔導長望見，大吃一驚，忙令取下。此事因而傳遍全隊，聽者無不捧腹大笑，引為開春第一趣聞。

我親歷此事，一直難忘懷，有心寫本書，探討六畜肉，終在《歷史月刊》找到舞臺。每屆六畜之年，即撰長篇文章，詳述其食法的源流及演變，有時因題材範圍太廣，須歷數月始克完成。例如豬寫了五篇，牛亦寫了五篇等是。

此外，早年的農家中，除了六畜以外，其中最常見者，當為老鼠。這些鼠輩，橫行無阻，牠們於六畜是否興旺，可是大有干係，且有些地方（如嶺南）亦食家鼠，詭稱「家鹿」。基於此，本書再將鼠肉納入，俾窺全貌。

所謂六畜，即「人所飼」的「馬牛羊，雞豕犬」。只是西方人（如法國人）視狗為朋友，就愛吃馬肉；東方人（主要為蘇北、嶺南、中原及韓國等地）視馬為畜力，專喜食狗肉。由於文化差異，造成觀念兩極，這個本不足怪，如果自我設限，硬要強分彼此，甚至區分高低，西風壓倒東

風，那就著了色相，有點倒果爲因，惹人啼笑皆非。

而今生機飲食當道，在媒體大力鼓吹下，以致蔬果勝過肉食，成爲時代新寵，在大勢所趨下，沛然莫之能禦。其實，究竟宜素宜葷，本就因人而異，每人體質不同，不可強求一律。執此以觀，烹調肉類所講求的「食不厭精」及「五味三材，九沸九變」，端的是變化萬千，食味不盡，以流連忘返謂之，倒也吻合實情。

我愛肉食，甚於菜蔬，對其精細深奧處，能說出個所以然。這十幾篇文章，只算是個起頭，尚不足以盡其用，希望日後還有機會，可以繼續探討，而且精益求精，光大肉食主義。畢竟，肉食者不鄙，何況青菜、蘿蔔各有所愛，只要配合得宜，保持身體健康，沒有絲毫病痛，管它吃多少肉，根本不須掛懷。同時，還可無拘無束，自在逍遙地吃，不亦快哉！是爲序。

細數牛雜好滋味

我就讀輔大法律系時，偏嗜嚐夜市某攤，其所賣二味，一為蛋包飯，另一為牛雜湯，前者鑊氣十足，香氣瀰漫，加上入口酸洌，很能誘人饞涎。後者則料多味厚，醇中帶清，愈吃愈來勁兒。其時，攤子在稻田邊，清風徐來，暑氣全消。點此二品，細嚐其味，然後看著老闆舞刀弄鏟、馨香四溢，在當時可是一大享受。此情此景，雖過了二十幾年，至今仍深烙腦海，很想時光倒流，可以重溫舊夢。

台灣的牛雜麵，曾和牛肉麵併賣，相得益彰。我愛牛雜，尤甚牛肉。說穿了，很簡單。叫碗麵吃，本想打個牙祭，好生受用一番。牛肉麵常吃到乾且柴的劣品，牛雜麵則無此患，故在我的心目中，可與蹄花麵和排骨麵鼎足而立。像我目前居住的永和市，就有燒得很棒的牛雜麵。

已故的飲食名家逯耀東曾謂：「過去永和那條大馬路還沒有拓寬的時候，道旁有家牛雜麵，選的牛雜很精，多是牛胃部分，燉得很爛，廣東煮法，頗有廣東大排檔的牛雜風味。」可惜的是，「後來路拓寬後不知搬到哪裡去了」，他後來在橋旁戲院[1]對面有家賣牛雜麵的，跑去試了一次，已

---

[1] 中正橋邊文化路上的永和大戲院，現已歇業。

◎ 台灣的牛雜麵，曾和牛肉麵併賣，
　相得益彰

和原來的那家不可以道里計了。其實，逯氏所言好吃的那家，類似潮汕風味，湯清肉爛，酥中帶爽，甚是美味。至於不中吃的那家，現改在永和路上營業，奇的是這款紅燒牛雜麵，居然天天爆滿，委實不可思議，足見口未同嗜。

▍牛肚菜色多元花樣百變

　　牛雜中最不可或缺的，就是牛肚。眾所周知，牛有四個胃。第一胃名瘤胃（又稱大胃、草肚），個頭最大，狀如地毯，也像草地，故名。色白富彈力，口感脆且爽。第二胃叫蜂巢胃（一稱網胃、金錢肚），狀似蜂巢，因而得名。第三胃稱重瓣胃（另名牛百頁、聖經胃或毛肚）其特色是上有許多細褶，類似厚皮書的封面，夾著多瓣薄片，故名百頁。其色澤本黑，上市時有的會漂白，以質地軟實、手感有彈性、嗅之無味者，方為上品，可白灼、可汆燙、可生吃、可涼拌，味道極佳，乃饕家眼中的珍味。第四胃稱皺胃（一名真胃、牛傘托），形似大腸，整體通紅，含有許

◎ 酸辣牛肚

多消化酶，其利在幫助消化。姑不論是哪部位的牛胃，中醫認為其療效為補虛、益脾胃、養五臟、助消化。能治病後虛羸、氣血不足，食少便溏、消渴、風眩等，效果非凡。另，據《本草綱目》上的說法：牛肚「醋煮食之，補中益氣，解毒，養脾胃」。

　　早在先秦之時，牛已為六畜之一，列為三牲之首，稱為太牢。屠牛是門技藝很高的絕活，例如《管子》介紹過一位叫坦的屠夫，日解九牛。《莊子》所載的「庖丁解牛」，其事跡已達神乎其技的境地。當代人，從天子以至庶民，莫不享受牛肉，只是做法不同。至於牛的內臟，該當如何享用？見諸文字記載者，僅將牛肚切碎，醃製成虀菜，名為「脾析」，這只是道小菜。到了漢初，宮廷才用之於炙食。

　　據《西京雜記》的記載：「高祖（劉邦）為泗水亭長，送徒驪山，將與故人訣去，徒卒贈高祖酒二壺，鹿肚、牛肚各一。高祖與樂從者飲酒食肉而去。後即帝位，朝晡尚食，常具此二炙，並酒二壺。」由此可見，劉邦當上皇帝後，並不忘本，早餐不外烤鹿肚、烤牛肚及二壺佳釀。唯當時的燒法為何？想必是取用牛肚、香料、調味品為原料。烹製之前，先將牛

肚洗淨瀝乾，接著以香料、調味品醃漬一下，然後上鐵叉於火中烤熟食用。由於牛肚一過火就硬韌，咀嚼不動，會暴殄天物，故司廚者須掌握好火候。

及至魏晉南北朝時，著名農書《齊民要術》收有「牛胘炙」一味。所謂牛胘，就是牛百頁。其法為：「老牛胘，厚而脆（一本作「肥」）。劃穿，痛蹙令聚，逼火急炙，令上劈裂，然後割之，脆而甚美。若挽令舒申，微火遙炙，則薄而且韌。」老牛肚既厚又脆，不易烤透。但這兒採用了劃外皮，串起，擠壓使緊的手法後，近火急烤，讓牛胘的上部產生刀劈似的裂縫，也就烤好了。將之割食，爽脆而美。如果反其道而行，把牛胘拉扯平整，再用小火遠遠隔著烤，必火力不透，則既薄且韌，不宜食用。看來在烤牛肚時，火要大而急，但「過猶不及」，味道就差了。

目前專做牛肚而成名的菜色，其最著者，分別是來自北京回民的爆肚和湖南傳統名菜中的髮絲牛百頁。

爆肚是天子腳下的著名小吃。它是把牛肚或羊肚按不同部位分割切片（條）後，以沸水爆熱，蘸著調料而食。其妙在清鮮嫩脆，滋味醇厚不膩，故久住北京的人士無不愛吃，能解其中味者，大有人在。

爆牛肚專食蘑菇尖（皺胃）、肚仁（大胃）和散丹（百頁）這三部位，以當天爆吃為佳。先清淨去臭，再分門別類，切割成二到三公分寬的小條。接著製作調料，也就是把香菜洗淨，切成碎末，連同蔥花、芝麻醬、醬油、醋、辣椒油、滷蝦油和以原汁調稀的腐乳等，一起放入碗內調勻。另，吃爆牛百頁時，有人好蘸蒜醬，亦即將三兩蒜去皮搗爛，加黃醬一斤、豆腐乳四塊、芝麻油二兩調勻即成。而在爆肚時，必先把半鍋涼水旺火燒沸，按肚的不同部位，每次五兩，分別下鍋，以漏勺翻攪，越快越

◎ 爆肚是天子腳下的著名小吃

好，等到肚條由軟轉勁，或肚仁色呈白色，隨即撈入盤中，蘸著調料享用。

民國初年，北京梨園名角姜紋，特嗜爆肚。其時東安市場「潤明樓」前空地的「老王爆肚攤」，手藝著實拔尖，可謂一時無儷。姜紋只要「吉祥園」有戲，必到此飽啖一番。常打二兩二鍋頭，再來兩個麻醬燒餅佐餐。每當酒足飯飽，便說消痰化氣，無逾於此。時人謂此乃知味之言。

髮絲牛百頁為長沙市清真菜館「李合盛」的名菜。該館向以善烹牛餚而譽滿瀟湘，其中尤有名者，依序為髮絲牛百頁、燴牛腦髓、紅燒牛筋，號稱「牛中三傑」。而今「李合盛」不復存在，但此菜已在長沙各大小餐館中流傳，一直是中高檔筵席中頗受歡迎的佳餚之一。

此菜先將新鮮的牛百頁切塊、去黑膜及切絲後，接著用黃醋、精鹽拌勻，用力抓揉，去其腥氣，再以冷水洗淨，擠乾水分。隨即把炒鍋置旺火上，倒入熟茶油，燒至八分熟，下玉蘭片、乾椒粉炒勻，然後下牛百頁合炒，澆入牛清湯、麻油、黃醋與水兌成的汁，再撒上青蔥，翻炒數下，盛入盤中即成。其特點為色澤白淨，形如髮絲，味感豐富，集脆、嫩、鮮、

辣、酸爲一體。台灣老粵菜館中的涼拌或炒牛肚絲，與此有異曲同工之妙，唯其味更加清雋而已。

然而，以牛雜入鍋所製成的美味，莫過於以下兩者，一是位於西南半壁的四川毛肚火鍋，另一則是位於海角一隅的涮九門頭。

▌毛肚火鍋香氣十足

根據李劼人先生的考證，早在二十世紀二〇年代，與重慶一江之隔的江北縣一帶，有不少攤販出賣水牛肉。四川本身多回教徒，吃牛肉者頗眾。何況當地的井鹽，車水之工，則賴板角水牛。天氣寒濁，牛多病死，工作量重，牛多累死，且歷時久，牛多老死。這些役牛，老病死者，數量龐大，加上質粗味酸，遠不及黃牛好吃，於是削價求售，惠及貧苦之人。起先是沿嘉陵江兩岸挑擔的苦力，專食經濟實惠的水牛肉，充作打牙祭的食品。水牛肉既有銷路，其內臟除鮮賣一部分外，也得想辦法推銷出去，於是他們就把牛雜下鍋略煮，緊其血肉，折價批給零售商販去賣。零售商販便挑擔去江邊碼頭空地或街頭巷尾處，擺上幾條長凳，擔頭置泥敷火爐一具，爐上置分格的大洋鐵盆一只，盆內翻煎倒滾著一種又麻又辣又鹹的滷汁，熱辣鮮香，引人駐足。

接著一群群藍領階級和討得幾文而欲肉食的朋友，蜂湧而至，圍著擔子，受用起來，「各人認定一格滷汁，且燙且吃，吃若干塊，算若干錢」，既經濟，又好吃，又熱和，再加上二兩燒酒，吃到酒足飯飽，稱心如意為止。嚴寒時節，尤受歡迎。其生意之火紅，蔚成街頭一景。

直到民國二十一年，重慶商場街的「一四一火鍋店」，將之高尚化起來，從擔頭移到桌上。「泥爐依然，只將分格洋鐵盆換成赤銅（敞口）的小鍋，滷汁蘸料，也改由食客自行配合，以求乾淨而適合各人的口味。最初的原料，只是牛骨湯，固體牛油、豆瓣醬，造醬油的豆母、辣椒末、花椒末、生鹽等等，待到滷汁合味，盛旺爐火將滷汁煮得滾開時，先煮大量蒜苗，然後將涼水漂著的黑色牛毛肚片（已煮得半熟了），用竹筷夾著，入滷汁燙之，不能太暫，也不能稍久，然後合煮好的蒜苗共食。樣子頗似吃涮羊肉而味則濃厚」，這是重慶毛肚火鍋最正統且道地的吃法。其後，重慶又有以生雞蛋、芝麻油、味精作調和蘸料，說是能清火退熱，這種另類食法，日後成為主流。此外，為了因應外地來不吃辣的食客，發展出一種不加辣的「素味」火鍋，雖然頗受省外人的歡迎，但對重慶人而言，只能算是「聊備一格」。

民國三十五年時，毛肚火鍋正式傳入成都，不僅研製極精，而且踵事增華，比重慶更為高明。所用泥爐依駕，但銅鍋改為沙鍋，豆母亦改成陳皮豆豉，另再加些甜醪糟（酒釀）。主食材除水牛毛肚片外，「尚有生魚片，有帶血的鱔魚片，有生牛腦髓，有生牛脊髓，有生牛肝片，有生牛腰片，有生的略拌豆粉的牛腰肋、嫩羊肉，近年更有生鴨腸，生鴨肝，生鴨裙肝以及用豆粉打出的細粉條其名『和脂』者」，而在蔬菜方面，種類也加多了，「有白菜、有菠菜、有豌豆尖、有芹黃，以及洋萵笋，雞窠菜等」，不過，蒜苗仍是最主要的菜蔬，「無之，則一切乏味」，只是蒜苗是有季節性的，故「必候蒜苗上市，而後圍爐大嚼」，因此「自秋徂冬，於時最宜」。顯然在成都吃毛肚火鍋有其季節性，每屆秋風起兮，才會躍躍欲試。

◎ 四川毛肚火鍋

　　重慶人吃毛肚火鍋則不然，據飲饌名家車輻的描述，其場景乃「冬天當然好，夏天也很熱鬧，三伏天攝氏四十度以上高溫，桌子坐凳皆燙時，偉大的重慶男女照吃不誤，雖然汗流浹背，卻處之泰然。一手執筷，一手揮扇，在麻辣燙高溫高熱下，辣得舌頭伸出，清口水長流之際，又可來上兩根冰棍雪糕，以資調劑。勇士們愈吃愈來勁，除女性外，男士們吃得丟盔棄甲，或者乾脆脫光，準備盤腸大戰。中有武松打虎式，怒斬華雄式；不少女中英豪，頗有梁夫人擊鼓戰金山之概，氣吞山河之勢。」這段文字，極為傳神，實將「三伏天吃毛肚，嘴燙汗流心安逸」的狀況，寫得鞭辟入裡。

　　目前重慶火鍋所調製的滷水極為講究，要用川產郫縣豆瓣、永川豆豉、冰糖等。先放牛油於鍋中，溶化後加進豆瓣煸成紅色，放川花椒、薑末快炒，嗅到香氣時，添入牛肉湯，加豆豉、冰糖、川鹽、料酒、辣椒麵等，煮約一刻鐘，再撇去湯面浮沫即成。至於裡面的添加料，那就精采多了，有的用罌粟殼，有的加進泡菜汁，甚至有的會加「見血封喉」的乾海椒，五花八門，眩人耳目，扣人心弦。所以，車輻謂毛肚火鍋「調料的

增減、吃法，各家做法不一，一萬家有一萬家的口味」，即使吃得五內俱焚，但是通體舒暢，其難過固在此，好過亦在於此。

▌涮九門頭引人入勝

比較起來，源於福建連城，後傳至台灣，成為討海人最愛的「涮九門頭」，縱無赫赫之名，卻因滋養強身，亦曾風行一時，唯與火鍋合流，形成討喜名品，流行全台各地。

所謂涮，就是把生的魚、肉處理好後，分別切成薄片，蔬菜切好後裝在盤內，桌上另置火鍋，鍋中放入適量高湯，下燃燒滾木炭，人們各自以筷夾肉片或蔬菜，放入滾燙的高湯內來回輕劃或晃動數下，使其快速成熟，然後夾出蘸調料進食的方法。但在中國南方則有一種近似涮的烹飪方法，乃將葷、素食材切好後，利用小火爐先滾高湯，接著把準備好的食材分批放入燙熟，同時以筷子將食物上下翻動，使其均勻快熟，再蘸調味料進食，這種吃法，俗稱打邊爐或火鍋。且因調味料之不同而異其名。如雲貴一帶重辣椒，一稱「油辣椒火鍋」；潮州人士則愛沙茶醬而食，故名「沙茶火鍋」。

至於涮九門頭的主食材，即牛身上九個部位的肉，分別是裡脊肉、舌簧頭、百葉肚、肚壁、肝、腰、脾、心和中寶（即睪丸，或以食道代之）等，除裡脊肉外，大致可歸為臟腑之屬，也就是所謂的牛雜。火鍋裡翻騰的是用一斤鮮牛肉熬出的原湯，另加香藤根（補腎）、鴨掌草（去風溼）、山奈（即沙薑）、陳皮、花椒、薑片、料酒等，一塊熬出味為止。其吃法則是將九種主料整治乾淨後，將肉切成片，其他亦分別切成塊、片或條

狀。等到湯滾沸後，再自力救濟，依己意夾入主料，邊涮邊蘸著鹽酒等調味料吃。由於肉香、酒香已融為一體，滋味特別，引人入勝。故每當逢年過節時，親友團聚必少不得這一鍋子美味。

早年所使用的鹽酒，其配製挺費功夫，取低度米酒（其比例為：五百克主料，用一千克米酒）配以草藥辣薯、瓜子根、千里騎、鴨掌草（以上均乾品），盛入錫壺（亦有用鋁鍋者）中，置於大火鍋內隔水燉煮，至酒沸並逸出香味，隨即沖入精鹽、薑汁即成。此法因加有中藥材，民間普遍為具有通氣活血、健脾補腎、清熱祛溼及強健筋骨等功效。極適合從事海上作業者和老年人食用，曾在閩、台兩岸的沿海地區，流行了一個世紀之久。

而今台灣因省事及受潮汕人士的影響，其蘸料已改成用沙茶醬、芝麻醬、香醋、辣椒、薑汁及香菜所調成者，雖亦風味甚佳，然食療效果大減，顯然今不如昔。

台灣真不愧是個美食天堂，專營毛肚（今改稱麻辣）火鍋和沙茶牛肉火鍋的店家，如雨後春筍般地在全台各地開花結果，前者尤甚。在激烈競爭下，常以吃到飽的方式呈現，一年四季，從未間斷，似可與重慶的盛況一較短長。

我固愛食牛雜，也嗜食上述二鍋，但有種特別的牛雜鍋，已久聞其名，迄今仍無緣一嚐，此即西南邊疆少數民族卡瓦族人特嗜的牛雜鍋。很多人即使身歷其境，始終不敢染指一試。

卡瓦族人生活於中、印、緬邊界的山區中，以「嗜臭如命」著稱。近人古方在〈野人山的奇風異俗〉一文中指出：他們「以臭為香，愈是腐爛的東西，愈是愛吃。凡是肉類之物，先要埋在坑裡，幾天之後，直至腐爛

發霉，甚至生蛆，才刨出來煮食，唯有這樣，才覺得刺激夠味」。

該族人喜啖水牛肉，但水牛珍稀罕見，故殺牛在當地成為一項大典。此一盛典多選在山下集會舉行，先由幾位鬥牛大漢輪番上陣，將水牛鬥到筋疲力盡，累倒在地下為止。然後根據牛頭倒地的方向以卜吉利。如果牛頭倒在南方，南方即是吉位。接著割下牛頭（誇耀財富的擺飾），再剝牛皮。觀眾隨即一擁而上，將預備的飯糰取出，爭相蘸著鮮牛血吃。最後的重頭戲是煮牛肉，完全不清洗，連牛身上的內臟一同入鍋，不下鹽、豉等調味料。一直煮到牛腸裂開，糞便沉於鍋底，牛腸浮於湯面，就算大功告成。吃時也很簡單，一一撈起猛啖，一塊也不放過。

這種粗豪的吃法，真個是駭人聽聞。然而，一方水土養一方人，飲食每因習俗而異，其間並無所謂高下，只有乾淨與否之分。牛雜雖不貴，但烹飪得法，一樣是美食。既可咀嚼細品，也可恣意快啖，只要能吃得適口愜意，任誰也管不著的。

麻婆豆腐超傳奇

在中國的飲食史上，菜以人名的例子很多，像《舊京瑣記》所云：「士大夫好集於半截胡同之『廣和居』，……其著名者爲蒸山藥；曰潘魚者，出自潘炳年[1]；曰曾魚，創自曾侯（曾國藩）；曰吳魚片，始自吳閨生。」即是。然而，若論名氣之響及流傳之廣，則非四川的名饌「麻婆豆腐」莫屬。

麻婆豆腐的源起

此菜一稱麻辣豆腐，原來其味「麻口」（吃進嘴裡後，因花椒之故，而有這種感覺），而且相當地辣，叫它「麻辣豆腐」，也算說得過去。不過，還是沿用它已成名百餘年的老名字較佳，一則有趣得多，再則親切有味，有思古之幽情。

---

[1] 應以潘祖蔭爲確。

◎ 麻婆豆腐

關於本菜的起源，《成都竹枝詞》、《芙蓉話舊錄》等書均有記載，後者敘述尤詳，寫道：「北門外有陳麻婆者，善治豆腐，連調和物料及烹飪工資一併加入豆腐價內，每碗售錢八文，兼售酒飯，若須加豬、牛肉，則或食客自攜以往，或代客往割，均可。其牌號人多不知，但言陳麻婆，則無不知者。其地距城四、五里，往食者均不憚遠。」本書作者爲清人周詢，已對其由來、料理和計價方式等特色，皆有所著墨及所本。

如將歷史還原，此菜約創於清穆宗同治初年（公元一八七四年後），當時成都北郊有一「萬福橋」[2]，這橋路通「蘇坡橋」，一直是土法榨油坊的吞吐地，凡成都城內所需照明和做菜用的菜油，大半取給於此。據知名文化專家李劼人的說法：「本來應該進出西城的，但在清朝時代，西門一角劃爲滿洲旗兵駐防之所，稱爲『少城』，除滿人外，是不准人進出的。」於是乎推大油簍的嘰咕車夫和挑運菜油的腳伕們，在經過萬福橋頭的金花

---

[2] 此橋於民國三十四年被大水沖毀。

◎ 陳麻婆豆腐店

街時，便在此歇腳吃飯。當時，有一家純鄉村型的小飯店，即在此營業，名叫「陳興盛飯舖」，專供應些家常飯菜給這些勞動者們打發一頓，聊以餬口。

這些家常菜，說穿了，只有鹹菜和豆腐，其名曰「灰磨兒」。或許有回吃飯時，某勞動者動了念，想要奢華一下，在日常吃的白水豆腐、油煎豆腐、炒豆腐外，「加斤把菜油進去，同時又想辣一辣，使胃口更為好些」，老闆娘陳劉氏（由於她臉上有幾顆麻子，人稱她「陳麻婆」）靈機一動，便發明了新做法：「將就油簍內的菜油，在鍋裡大大的煎熟一勺，而後一大把辣椒末放在滾油裡，接著便是牛（豬）肉片、豆腐塊，自然還有常備的蔥啦、蒜苗啦，隨手放了一些，一燴，一炒，加鹽加水，稍稍一煮，於是辣子紅油蓋著了菜面，幾大土碗盛到桌上，臨吃時，再加一把花椒末。」紅通通、香撲撲、熱油油，好不過癮。

勞工們一吃到口裡，不由得大呼：「真是竄呀！」[3]肉與豆腐既嫩且滑，同時味大油重，滿夠刺激，且不像用豬油所燒的膩人。正因風味獨具，自然大受青睞，嗜者蜂湧而至。待陳麻婆燒的豆腐出了名後，連城裡

3　此「竄」為四川土話，即美味之意，亦有作「爨」字的。

的闊佬也垂青光顧。日子久了，起先的店名反爲人所遺忘，只曉得該店叫
「陳麻婆豆腐店」。到了清末民初，「陳麻婆之豆腐」，已與包席館「正興
園」、「鍾湯圓」等店家齊名，列爲成都的著名食品，並載入傅崇榘於一九
〇九年編著的《成都通覽》中。馮家吉且在《錦城竹枝詞百詠》中的一首
贊云：「麻婆豆腐尚傳名，豆腐烘來味最精。萬福橋邊帘影動，合沽春酒
醉先生。」給予極高的肯定。

▌「火候」是重點

　　陳麻婆後與成都另一名食「王包子」一樣，「以業致富」。在二十世紀
二〇年代初，在店內紅鍋上掌勺兒的，爲師傅薛祥順。據知名報人及美食
家車軸的描述，他老兄「人高高長長的，長方形的臉，有些清瘦，是一個
只知道做活的『幫幫匠』（受僱的工人）。誠實樸素，很少言語，農曆十月
初一北門城隍廟會期，成都已開始冷了，而他還是一雙線耳子草鞋，永遠
是那油臘片的藍布衣裳。……以後幾十年見他，從外形上看，好像變化
不大」。光是從這個平凡的形象，實難想像出他那高超精湛的手藝。尤其
是「他在紅鍋上用的一把小鏟子，被他經年累月炒呀鏟呀，使用得只剩三
分之二了」，眞是鐵杵磨成鏽花針，大不易嘞！

　　又，車軸第一次和幾個好吃同學來到「陳麻婆豆腐店」，依照店規，
分頭去割黃牛肉（成都人不吃水牛）、打油、買油米子花生。「牛肉、清
油直接交到廚上，在牛肉裡加上老薑，切碎」，然後向薛師傅說明有幾個
人、吃多少豆腐，他便按吩咐，開始在紅鍋上安排。由於去了幾次，車軸
和灶上混得廝熟，故對其燒豆腐的先後程序，記得一清二楚。

薛祥順的手法為：「將清油倒入鍋內煎熟（不是熟透），然後下牛肉，待到乾爛酥時，下豆豉。當初成都『口同嗜』豆豉最好，但他沒有用，陳麻婆是私人飯館，沒有那麼講究；下的辣椒麵，也是買的粗放製作那一種，連辣椒麵把子一齊舂在裡面，——只放辣椒麵，不放豆瓣，這是他用料的特點。」接著下豆腐：「攤在手上，切成方塊，倒入油煎肉滾、熱氣騰騰的鍋內，微微用鏟子鏟幾下調勻，攙少許湯水，最後用那個油浸氣熏的竹編鍋蓋蓋著，在嵐炭烈火下燼（即燼，一稱獨，乃一種以小火慢慢將湯汁收乾的技法）熟後，揭開鍋蓋，看火候定局；或再燼一下，或鏟幾下就起鍋」。於是一份四遠馳名的麻婆豆腐就大功告成，可以端上桌子受用了。

好吃又愛動手做菜的車軸，每次都看薛氏在做此菜，技癢難搔，回家試驗。所用「作料比他的更齊全」，但從未將麻婆豆腐燒到他的水平。歸納其原因，就在個火候。也唯有如此，才能將麻婆豆腐這道菜的麻、辣、鮮、香、酥、嫩、燙的特色，發揮得淋漓盡致，讓人們饞涎猛垂。

約一甲子之前，李劼人在《大波》一書中，總結此菜的歷史特色，有一段生動的描寫：「『陳麻婆飯舖』開業八十餘年，歷三代而未衰，四〇年代雖仍處郊野，依然是門庭若市，掌廚者為其再傳弟子薛祥順。五〇年代始遷市內，現址在西玉龍街，除經營傳統名菜麻婆豆腐外，還有多種豆腐菜餉客。」此外，他還穿插一段古，寫著：「民國二十六年『七七』抗戰以後，攜兒帶女到萬福橋老店去吃此美饌時，且不說還是一所純鄉村型的飯店：油膩的方桌、泥汙的窄板凳，白板筷，土飯碗，火米飯，臭鹹菜。及至叫到做碗豆腐來，十分土氣的么師（跑堂的伙計）猶然古典式的問道：『客伙，要割多少肉，半斤呢？十二兩呢？……豆腐要半箱呢？一

箱呢？……」而且店裡委實沒有肉，委實要么師代店伙到街口上去旋割，所不同於古昔者，只無須客伙更去旋打菜油耳。」

由此觀之，李劼人敘述的時間，應較車軸所言的略晚，其原因不外車氏那時候，清油得自己去買，而一些有經驗的顧客，總會多買清油。「豆腐以油多而出色出味，這是常識了。雖說是常識，也有那種莫里哀的『慳吝人』，處處打小算盤，少打了清油」，巧婦難為無米之炊，莫怪豆腐燒不夠味！此老不改幽默本色，還戲謔他們一下，說道：『食不厭精』，在於精到，要動腦筋，不在於山珍海味。」

「陳麻婆豆腐店」後來經營成功，生意火紅，不僅開設了北門大橋、青羊宮分店。而且在一九九五年更被中國貿易部認定為「中華老字號」企業。況且近些年來，隨著旅遊事業的開展，不少海外人士慕名而至，無不以嚐到「正宗」的麻婆豆腐為一快事，其膾炙人口有若此。

▌口味變變變

在此須一提的是，自薛祥順一九七三年病逝後，該店已由在店內事廚多年的廚師寇銀光、艾祿華等掌勺。這些後起之秀，為了應付來自四面八方、如潮擁至的食客，於原先的麻婆豆腐外，更在豆腐菜餚的烹製上，有所發展創新。但豆腐皆店家親製，且自原料的選定、浸泡、推漿、搖漿、漂水等步驟，一律由師傅在場監督，才能確保質量。因為一出差錯，就再也無法保證其純白細膩等品質和即使久煮也不變質潰爛的特性來。難怪早年每日平均接待二千人次以上的顧客，進而造成座中客常滿、盤中豆腐空的盛況。

◎ 三鮮豆腐

◎ 八寶豆腐羹

　　該店既以經營各種豆腐菜餚著稱，除一般的零餐、小吃外，又新添了集各式豆腐菜餚於一席的豆腐宴。傳統名菜有麻婆豆腐、清湯豆腐、家常豆腐、三鮮豆腐、醬燒豆腐、菱角豆腐、豆腐鯽魚、三鮮豆腐、八寶豆腐羹等；創新菜則有腐筋雙燴、金錢豆腐、鳳翅腐竹、酥皮腐糕、鱔魚豆腐、芝麻腐絲、豆渣鴨脯、酸菜豆花、瓜仁豆花、麻婆蠶豆及白玉江團等近八十個品種。琳瑯滿目，蔚為大觀。

　　早個三十年前，「陳麻婆豆腐店」始終顧客盈門，為了應付客量需求，灶上已從以往的小鍋單炒，變成大鍋的「大伙莊稼」了，同時為了讓不吃牛肉的顧客，也能一膏饞吻，店家棄牛改豬，換成豬肉去燴，再添入豆瓣醬，人們照吃不誤，即使味道有別，仍覺適口充腸，吃來爽快利落，加上物美價廉，何況它又保持基本要素，依舊顯示得出川味的特點特色。只是關於滋味這點，已故食家唐振常即謂：「現在用豬肉，大失其味。」車軸更感嘆地說：「燴豆腐沒有用黃牛肉，等於失掉靈魂。」食者無從比較，殊不知一肉之改，實大異其趣。

◎ 五彩豆腐宴

約於五十年前，台灣在製作麻婆豆腐時，在所用的食材中，油必用花生油，肉則牛、豬不拘。例如當時出版的《璦珊食譜》，其「麻婆豆腐」的做法為：先將板豆腐切成七、八分闊，一寸長的片狀小塊。接著把肉剁碎待用。鐵鍋內放油，熱熟後將碎肉下鍋爆炒約七、八下，隨即把豆瓣醬、豆豉、紅椒粉、醬油、鹽、糖等入鍋爆香，續加豆腐片及高湯，滾煮片刻，加蔥、蒜、薑後，以水調太白粉下鍋略為翻炒兩鏟，起鍋之前加花椒粉與麻油。並謂此菜之祕訣在於麻、辣、燙、鹹，其味特別鮮美，乃一道有名的四川菜，經濟實惠。

至於當下食牛肉已極普遍且其來源不虞匱乏下，「陳麻婆豆腐店」亦改弦更張，專用牛肉。其製法為：選石膏豆腐切四方丁放碗中，用開水泡去澀味。燒熱鐵鍋下菜油，燒至六成熟，將剁細的牛肉末炒散，至色呈黃，加鹽、豆豉、辣椒粉、郫縣豆瓣再炒，加鮮肉湯，下豆腐，用中火燒至豆腐入味、湯面不斷冒泡並有咕嘟之聲，再下青蒜苗節、醬油。略燒片刻即勾芡收汁，視汁濃亮時盛碗內，撒花椒末即成。其成菜色澤紅亮，豆

腐嫩白，具有「麻、辣、鮮、燙、嫩、捆（指豆腐形整不爛）、酥（指牛肉末酥香鮮美）」的特色，麻辣之味尤為突出。

正宗「麻婆豆腐」在四川

其實，麻婆豆腐最妙之處，在於一「燙」字訣。吳白匋教授說得好：「我發現（麻婆豆腐）好處就在於燙，因為溫度可以加強食慾。說也奇怪，吃下一勺，再吃第二勺，就不感覺多麼燙了，……燙得頭上出汗，全身卻很舒服。」若光看外表，豆腐的表面，已覆蓋一層紅色的辣油，使灼熱的豆腐不易降溫。所以，初食此菜時，千萬要當心，切莫以為與平常的沒兩樣，實則內部可燙得很，但被辣油遮住，熱氣冒不出來。以致許多人並未提防，大口地吃入嘴中，結果著了道兒，燙得直叫。這種遭遇，就算不大好受，想想也還值得，只消上過一次當，絕對牢牢記住這個「滋味」，以後可以一勺一勺地享受其不凡的口感。

一個半世紀以來，隨著川菜的傳播，「麻婆豆腐」名揚五湖四海，甚至蜚聲國際。幾乎華人在海外開設的餐館中，均可見其蹤跡，而且點食率極高。有些老外一吃，無不大聲叫好，飯亦頻頻叫添，即便汗涔涔下，依舊眉花眼笑，真是不亦快哉！

日本人也是麻婆豆腐的支持及擁護者，館子吃不過癮，還得設法解饞。於是其罐頭應運而生，並在世界各大城市兜銷。吃罐頭當然方便，但滋味相差太遠，這也是不爭事實，充其量僅聊備一格、權且應個景罷了。

◎ 麻婆豆腐

　　而今麻婆豆腐譽滿全球，為了因應各方口味，自然因地、因人而異，口味繽紛多采，多半是減其辣，此乃勢所當然，無須切責深怪。但說句老實話，萬變不離其宗，終究是正宗道地好吃。據說有位外國廚師抵達成都，吃了「陳麻婆豆腐店」的麻婆豆腐後，不禁脫口說出：「糊里糊塗幾十載，始識此君眞面目。」這也印證了吳白匋的另一句名言：「品嚐川菜，非到成都不可。」

　　說正格的，麻婆豆腐尚有其他的玩法，而且巧妙各有不同。像唐振常即謂：「不要以為麻婆豆腐唯此獨佳，前幾年，在一個四川同鄉家吃他燒的麻辣豆腐，……將豆腐切為許多正方形片子，每兩片之中夾佐料（辣椒、花椒、牛肉末等），合為一方，蒸而食之。豆腐既整齊美觀，吃起來每一塊都其味透骨。」可惜的是，這個可稱其「獨到家食」的菜色，竟隱晦而不彰，終讓麻婆豆腐「獨占市場而不傳」。

　　此外，也可換個花樣，把豆腐易成豬腦或牛腦，製造過程相同，稱為「麻婆腦花」，口感極滑腴，滋味更香醇。惜乎現代人怕膽固醇過高，會引起心血管病變，早就不食腦髓，看來這個奇思，已成廣陵絕響，令頗好其味的我，不勝唏噓。

曾著《家嚐便飯》一書的醉公子表示：麻辣豆腐「這道菜只怕不夠燙，因為除了麻辣鮮嫩，這道菜還更要求不只要燙嘴燙舌，最高境界還要『燙心』。如果在寒風颼颼的冬季吃來，也要讓人頭皮發麻，鼻尖冒汗，嘴巴不時發出嘶嘶聲音，才算過癮。」此言深得我心，在此附記一筆，想必各位看倌亦覺心有同感吧！

集古今食牛大成（上）

　　古今中外，談到刀工，最神乎其技的，恐莫過於《莊子》書中所描述的「庖丁解牛」了。庖丁之所以能臻此「遊刃有餘」的境界，主要是他在十九年的歲月裡，曾肢解了數千頭牛；而經他處理過的牛體，不消說，當然全祭人的五臟廟了。最讓吾人感興趣的是，當時（周朝）的人如何享受其美味，而後人又如何加以發揚光大的呢？

　　根據古文獻的記載，周天子吃牛的方法為擣珍、漬、熬及糝；上大夫和下大夫所經常食用的，則是牛炙、牛胾與牛膾；另，上從天子下至庶民均食牛醢、牛羹、牛臛（濃湯）、牛脯（肉乾）和牛脩（乾肉條）。此外，在烹調上，也很考究，牛肉必和蔬菜一起煮食，它的配料絕對是嫩豆苗或蒲笋[1]；如果以煎的燒法成菜，一定是用豬油來煎。

　　擣珍的燒法非常費工，選牛的脊側肉烹製，肉需反覆捶打，以便去掉筋腱，煮熟後即取出，除去肉上薄膜，然後把肉揉搓至軟即成。吃時，以醬、醋調味食用。漬的方法也很複雜，取現殺的牛肉，沿著橫的紋理，將肉切成薄片，接著浸酒中一日，第二天清晨取出，加醬、醋及梅醬等調料

---

[1] 枚乘的〈七發〉中，亦曾提及。

即成。熬的製法亦不遑多讓，將生牛肉捶打成薄片，去除肉的筋膜，隨即攤在蘆草編的席上，把切細的桂皮、薑末撒在牛肉上，再以鹽醃製一些時間，等到肉乾後，將肉搗捶至柔軟再食用。如想吃帶汁的，就用水潤開，加醬略煎即可。至於糝的做法，則是將牛肉細切與稻米末混合，其比例約爲一比二，經混合之後，即製成餅狀，再以油煎之。以上所舉，皆是周天子的食譜，「珍用八物」（簡稱「八珍」）的其中四種。由此可見，上方玉食的確「食不厭精」了。

其次，要談的是周代上大夫及下大夫[2]食單中的牛炙、牛胾、牛膾與這三樣牛肉佳餚，並一併聊聊其演進與發展的歷史。

▌一食上癮的牛炙

即烤牛肉。關於炙的解釋，《說文》：「炙，炙肉也。」《瓠葉傳》說：「炕火曰炙。」《正義》云：「炕，舉也。謂以物貫之而舉於火上以炙之。」根據《禮記·內則》上的說法，製作牛炙時，準備大塊牛肉，先加調料醃漬，然後烤熟食用。基本上，與當下的烤牛肉近似，只是當時所用的調料、烹調方法及選料沒有現在這麼考究，其鮮美滋味更無法和目前相提並論。然而，此菜歷代相傳，隨著社會進步，製法不斷改進，品質日益提高，其著者如下：

內蒙古烤牛肉：當地名菜，舊稱鐵板燒，乃當今流行台灣各地鐵板燒的起源。本菜以草原黃牛爲主食材烤炙而成。起先由食客自烹自食，現則

---

2 前者有二十道菜餚，後者爲十六道菜餚。

由廚師代勞。它採用七百多年前元代西域和北方民族調味之法，酸、辣、鹹、甜、香諸味俱全，頗能誘人饞涎。

其在製作時，選用上乘新鮮草原黃牛腿之純精肉爲主食材，先切成五公厘見方的薄片，浸泡在肉桂、小茴香、枸杞子、豆蔻、丁香、薑等十三種名貴中草藥和調味品中醃製兩小時左右，以達到解膩提鮮，去羶掩腥、防腐殺菌之目的。接著把醃好的牛肉片置入盤中，並拌以香菜、小蔥段。而在享用之際，以筷子夾起牛肉片，放在形似古代士兵頭盔的鐵板上烤炙，吱吱有聲，香氣馥郁。一俟烤熟，即蘸著由芝麻油、糖、醋、芝麻、精鹽、胡椒粉等調料兌成的調汁而食。肉緊而嫩，耐人尋味，向爲搭配燒刀子的佳食。

牛肉鍋鐵：吉林傳統菜。據說清朝末年，吉林市有些回民到內蒙古一帶購買牛、羊時，見蒙族牧民在野外架火烤牛肉而食，一經品嚐後，覺鮮嫩可口，便仿效此法。惟此烤牛肉只有七、八分熟，與回族人的飲食習慣不合，乃加以改進，用破鐵鍋片架於石頭上，下面生火，置牛肉片於鐵鍋上煎，等到肉變白成熟時，再夾出蘸鹽水而食，邊煎邊食，既香鮮又簡單易行。這些人將此法帶回吉林後，便在回民中流傳開來，後被餐廳採納，改良經營手法，並把鐵鍋片換成鐵鑄平鍋。食材也從一種增至多種，另增添若干佐料，豐富其口感及滋味。自牛肉鍋鐵首次在吉林市牛馬行（現青島路）的「西域館」問世以來。回、漢民爭相品嘗，顧客盈門。一九三三年時，僅牛馬街一帶，就有七家餐館經營此菜，現已風靡全省。其後朝鮮族略變其法，此即今之石頭火鍋。

此菜烹調時，先將牛里脊肉、上腦肉、三叉肉、腰窩油分別頂刀，切成大薄片。漬菜切絲，發好粉絲，待海米（開洋）泡畢之際，再把芝麻醬以涼水攪勻。接著點燃酒精爐，將洗淨的生鐵平鍋置放爐上燒熱。先下腰窩油煸炒，待鍋面滿布油花，即放肉片煎熟，蘸辣椒油、蒜末、芝麻醬等佐料，邊煎邊食，其肉片軟嫩鮮香，極宜佐酒，尤以白乾爲炒。食畢，在鍋內加高湯、漬菜絲、海米、精鹽、蔥絲、薑末等，俟鍋沸時，再下粉絲，湯汁濃郁，即爲下飯佳味。

烤肉宛烤肉：西漢人枚乘在〈七發〉中提到的天下美味，即有「薄耆之炙」，也就是烤炙各種加料醃漬獸肉的肉片。到了公元六世紀時，《齊民要術》載有「腩炙」，即是其衍伸。然而，北京人吃烤肉的歷史，當始於明代的「帳篷食品」，其法爲牛肉切塊或片，以蔥花、鹽、豉汁略浸，再行烤製。明宮廷亦有此一佳味。如劉若愚《明宮史‧飲食好尚》便記有：「凡遇雪，則暖室賞梅，吃炙羊肉」，足見它已躋身大雅之堂。

烤肉到了清朝，有了更進一步的發展，以「烤肉宛」最負盛名。鄧拓先生曾在《燕山夜話》裡，寫其發跡的過程：「距今已三百多年前的康熙二十五年（公元一六八六年），京東百里之遙的回族集聚地大廠縣，有戶宛姓回族小商人，輾轉來到北京謀生，他寄居的宣武門一帶……也是回民聚居地。回族百姓，多經營飲食、牛羊肉生意……他就從賣牛肉的回族人手裡頭買下牛頭，然後把牛頭肉切成薄片，用鐵炙子烤熟，推車沿街叫賣，涼秋寒冬，圍著火炙子吃烤肉，別有一番暖意。此風味獨特，吃法新鮮，很受平民百姓的歡迎。」究其實，它最早只是每天出車的散攤子罷了。

◎ 烤肉苑

　　直到乾隆二十五年（公元一七六〇年），宛家的第三代才在安兒胡同西口路東購置了門面房，正式將店舖取名為「烤肉宛」。初時的店面不大，據說只有兩張白皮桌。而為了把烤肉做精，掌櫃的就從選料入手，遍走京城大小牛肉舖子，向老鄉們討教最適合烤的牛種和部位。最後選定四至五歲且體重超過三百公斤的西口羯牛（閹過的公牛）或乳牛，只用上腦（一層肥一層瘦）、排骨、裡脊、米隆、子蓋、和尚頭等軟嫩部位（今專取前三者），剔去其筋膜、肉棗等，稍凍後，開始切片。刀工極為講究，使用尺許長的特製鋼刀，將肉「拉切」呈柳葉形，斤肉約出一百五十片左右，經醃漬、調味後，接著用熟鐵製成的圓形鐵盤，其盤面排列有空隙鐵條的烤肉炙子，專選松枝、棗木、梨木烤炙。以致烤好的牛肉質嫩含漿，細滑帶酥，馨香味美。清道光二十五年（公元一八四五年）詩人楊靜亭在《都門新詠》中讚道：「嚴冬烤肉味堪饕，大酒缸前圍一遭，火炙最宜生嗜嫩，雪天爭得醉燒刀。」

　　「烤肉宛」除味美外，地理位置亦絕佳。往南是鼎鼎有名的琉璃廠，往北是西單鬧市口，往西則是醇親王府，南來北往的人眾多，買賣當然極

佳。無論身著長袍馬掛或布衣百姓，都欣然聞香下馬。其吃法有「老京味」所謂的「文武兩吃」。文吃，多是長袍馬掛們的斯文吃法，由跑堂烤好送上桌；而武吃，自然是自烤自吃。這些「爺們」在吃烤肉時，人人手執尺二長的「六道木」守在炙子旁，一隻腳蹬長板條凳上，將已醃好的肉，自個兒攤在松香繚繞的烤肉炙子上翻面炙熟，而且邊烤邊飲酒，粗獷得「屠門大嚼」，並在酣暢淋漓中，展現駘蕩恣肆的豪情。

　而在享用之時，先將烤肉炙子燒熱，用生羊尾油擦其表面，接著下醬油、料酒、薑汁、白糖、芝麻油，有的還放雞蛋，一起放碗中調勻，再將切好的肉片略醃。隨即把大蔥切段切絲，置烤肉炙子上，並將肉片放在蔥上，邊烤邊用特大號的竹筷子翻動。俟蔥絲烤軟後，把肉和蔥攤開，放入香菜段繼續翻動，待肉呈紫色時，即盛入盤中，適合佐酒和就著燒餅、糖蒜一塊兒享用，佐嫩黃瓜亦妙。諸君試思，約二、三十年前，曾在台北流行一時的蒙古烤肉，即淵源於此。不過，本地喜用它與涮鍋同享，似比北京的口感更勝一籌。

烤牛肉串：串烤為明爐烤的一種技法，乃新疆維吾爾族最喜愛的佳餚，其歷史悠久，早在漢代即有，像已出土的東漢庖廚畫像磚上，便畫著兩漢時期庖廚用鐵叉串上小肉塊入火製作烤肉的情景。惟這種烤肉，如今亦很盛行，只是烤製的工具，已改用鐵針、竹扦等來串肉。

　新疆的烤肉串，發源於和闐、喀什民間，起初為維族人所喜食，後為新疆十三民族所共同喜愛。每逢過年過節或假日，招待親朋好友，都用烤肉串（尤其是羊肉）充作佳餚。近二、三十年來，在北京、天津、上海等

◎ 新疆羊肉串

大城市中，亦十分盛行。另，南洋群島一帶，烤肉串也大行其道，當地人稱爲沙嗲（SATE），以味道辛辣著稱。有趣的是，此肉串傳入閩、粵後，潮、汕人士棄其肉串，取其辛辣，並發展成爲具有潮汕風味的調味品——沙茶醬。此醬是用花生仁、白芝麻、左口魚、蝦米、椰絲、大蒜、生蔥、芥末、香菜子、辣椒等爲原料，於磨成粉後，再摻入油、鹽熬製而成，色棕黃而味香，可蘸可炒可拌，頗能惹人垂涎。又，當地人甚嗜沙茶牛肉，其製作方法爲，將牛腿肉切成薄片後，放進火鍋的上湯中焯熟，然後和生菜一起蘸沙茶醬食用，由於鮮美爽滑，味道辛香，且極夠味，一度盛行台灣各地。目前台灣更發展成沙茶牛肉火鍋，在冬日搭配白酒受用，格外味美。此外，台灣也好以沙茶醬加空心菜炒牛肉片，熱辣鮮香，炎炎夏日，就著啤酒吃，沁人心脾，不亦快哉！

言歸正傳，回民的烤牛羊肉串，先將肉切成薄片，加洋蔥末拌和，約醃個半小時，串在鐵扦上，以鐵槽加無煙煤燃火，待煤煙燒淨，把肉串架於鐵槽之上，撒上精鹽、孜然粉、辣椒粉，兩面烤熟即成。成菜色呈棗紅，外焦裡嫩，香辣入味，肥而不膩，一食即上癮，會串串相連到口邊。

◎ 空心菜炒牛肉

▌大口吃肉佐牛胾

即牛肉塊。據《禮記‧內則》的說法：「醢，牛胾；醓，牛膾。」照東漢大儒鄭玄之注，則是「切牛肉也」。意即將煮熟的牛肉，切成大塊的肉，很像目前的醬牛肉。其做法應是，取用生牛肉、五味調料為原料。先把牛肉若干治淨，接著下鼎中，注入清水，添加調味料。等煮熟後取出，放涼再切成較大的肉塊即成。末了，同肉醬一起置於案上，蘸著肉醬食用，別有風味。從古至今，其名品甚多，以水煉犢、煨牛肉及法制牛肉三者最膾炙人口。

水煉犢：此菜是唐中宗景龍二年（公元七○八年）時，大臣韋巨源晉升右僕射，循例向皇帝獻食「燒尾宴」中的一味，號稱「炙盡火力」。如按字面上的解釋：「煉」即高溫蒸製，「犢」乃小牛肉。這款清蒸小牛肉，今日已不見奇，當時可是罕見美味。其法為：先將小牛肉治淨，切成若干大塊，置盛器中，加蔥、薑、酒、桂皮、茴香、鹽或豆豉等調料，加

◎ 清蒸牛肉

蓋封嚴，上籠用旺火蒸至肉質酥爛，湯汁醇濃，即可食用，以肉酥湯鮮、深有回味著稱。同時煨得久則力透，滋味尤其了得。像為《隨園食單》作註的清人夏曾傳便言，他在今上海市川沙縣時，曾嚐過「煨一晝夜而成」的牛肉，「肥美異常」，印象深刻。至於令我最難忘的，則是位於台北「上海極品軒餐廳」的清蒸牛腩。肉置金屬盛器上，其下有點燃的酒精爐，湯面冒著小泡，嘟嘟有聲。湯清如水，味淡不薄，肉酥而爛，嫩且帶爽。先嚐其肉，再品此湯，頓覺飄飄然。以此佐酒下飯，其誰曰不宜？

煨牛肉：此近紅燒牛肉或滷牛肉。袁枚在《隨園食單‧特牲單》內，從買牛肉起，均極考究。其法為：「先下各舖定錢，湊取腿筋夾肉處，不精不肥。然後帶回家中，則去皮膜。用三分酒，二分水，清煨極爛，再加秋油收湯。」並謂此乃「太牢獨味孤行者也，不可加別物混搭」。不過，戲法人人會變，巧妙各有不同。大美食家袁枚雖好其「本味」，但有時加點巧思，亦會產生絕佳效果。例如民國初年時，南天王陳濟棠主粵政時，帳下某將軍，特愛食牛腩，但找不到良廚能滿足其口腹之慾。一日，某廚得新來的勤務兵之助，竟燒出令他十分滿意的紅燒牛腩，查其方法，原來在牛腩煲至半熟，加醬料同燜時，再加一小塊羅漢果，味道果然不同，傳說該勤務兵亦因善烹牛腩而升級云。

牛腩雖不是山珍海味，但比諸山珍海味更受大眾歡迎，潮州廚師尤擅燒製。據香港大食家特級校對[3]的說法：「牛腩分為『坑腩』和『白腩』兩種。吃牛腩如以湯為主以肉為副的，則用坑腩為佳。以吃肉為主，其次才是湯的，就吃白腩了。因為坑腩的瘦肉多，煲起來湯味夠鮮濃，肉則粗，白腩的瘦肉較少，同是一斤肉煲湯，但煲起湯來的湯味就不及坑腩好，滑則非坑腩所能及了。」至於「燜牛腩和煲牛腩的做法都差不多，經過『出水』，又用生薑紅鑊爆過，所不同的，燜用少量的水，煲則用多水和時間較燜為久」。同時須注意的是，燜的以醬料為重。

　　而「懂得煲牛腩的，煲二、三小時，就夠火候，不曉得其中奧妙的，就要煲四、五小時才算夠火」，如果煲一斤牛腩加上「蟬腿」四個，就可加速牛腩的熟爛度，且「在煲的時候，中間還要停火二、三次，仿如韓戰的『打、談、打，談、打』，牛腩就易爛了」。

　　基本上，特級校對的間歇煲牛腩法頗值得借鏡，他那「打、談、打」的策略更是傳神。又，據其得意門生江獻珠女士的詮釋：他「這種做法可省去不少功夫，因為歇火時不用專心守候，可做其他的事，而且加完高湯之後，讓餘熟去焗牛腩，所以快爛」。她並進一步指出：「香港的超級市場甚少賣牛腩，要光顧街市肉檔，香港新鮮牛肉的牛隻多是從亞洲國家或中國進口，質素標準不一，有時會買到特別老韌的，煲的時間更長，反正牛腩煲多煲少所需時間都不相上下，於是她認為「最划算還是一次烹製兩次用，留起來藏在冰格（即冷凍室），解凍番熟便成。……要能夠做到有湯又有肉的，才不辜負一番烹製的心血。牛腩取出一部分湯後，方行加醬

3　本名陳夢因，著有《食經》、《鼎鼐雜碎》及《粵菜溯源錄》等多部名著。

料同燜，是時又可再加一些牛筋進去，牛腩的汁液多了膠質，更為美味可口」。看來此一做兩吃，既經濟且味多元。

法制牛肉：此即今日醬牛肉，工序更為繁複。根據清人童岳薦《調鼎集》上的記載：此菜須選「精嫩牛肉四斤，切十六塊，洗淨擠乾，用好醬油一斤、細鹽一兩二錢拌勻揉擦，入香油四兩，黃酒二斤泡醃過宿，次日連汁一同入鍋，再下水二斤，微火煮熟後，加香料、大茴末、花椒末各八分，大蔥頭八個、醋半斤。」其妙則在「色、味俱佳」。

台灣的北方館子，早年擅製醬牛肉，名品甚多，即使在北菜式微的今日，尚能在台中的「老闆廚房」及台北的「老馬」等處，吃到夠水準的芝麻燒餅夾醬牛肉。此味北京不乏老字號製作，但論其佳者，首推內蒙古呼倫浩特出品的醬牛肉。它始於清代中葉，由河北滄州地區的回民劉萬祿所創製。他老兄原在歸化城（呼倫浩特前稱）推車經營，後開設「萬盛永」號，專營醬牛肉。由於選料精細，善用各種調味烹製，故鮮醇濃郁，在清末即已馳名中國，當下依然味美，盛譽迄今不衰。

劉萬祿的醬牛肉在製作時，須將牛肉切成若干大塊，用清水洗淨，入鍋煮至半熟，加入以紗布裹包的大茴香、丁香、橘皮、薑片、砂仁、豆蔻、肉桂的香料包和適量之醬油、糖、鹽及煮肉老湯。經燒沸後，轉用小火燜兩個時辰，至牛肉成熟、入味即成。以色澤深紅、滋鮮味濃著稱。

此外，北京前門大街西側的「月盛齋」，固以醬羊肉譽滿京華，且蒙慈禧太后青睞。其實店裡的醬牛肉亦是珍品，有口皆碑。其製作時，選安牛的前腿和腔窩鮮肉，把一定數量的水與經過三伏天的老醬入鍋煮沸，接著將肉按老、嫩程度，順序分層碼入鍋內，加精鹽、花椒、八角、肉桂、

◎ 月盛齋

◎ 月盛齋醬牛肉

丁香、砂仁、蔻仁等多種輔料，添入店家百年的老陳湯，先用旺火煮，後用文火煨，中間翻一次鍋，煮約三個時辰後撈出，澆上原汁即成。

此肉的特點是色澤棕紅，不羶不腥，脆嫩爽口，瘦而不柴，肥且不膩，鹹中透香，誠佐酒、佐食之良品也。

集古今牛肉大成（中）

在談完了牛炙和牛羮後，緊接著要談的是牛膾。

▌牛膾生食腴滑軟嫩

牛膾亦出自《禮記‧內則》，云：「醢，牛膾。」如照東漢大儒鄭玄之注，乃「牛膾，牒側使切」，意即將生牛肉塊切成薄片，蘸著肉醬一起食用。另，《說文》在釋膾時，指出：「細切肉也」，可見牛膾一定是切片、切塊吃的。

又，據《禮記》、《周禮》等文獻的記載，膾在周代列為王室的祭品，設有邊人專司其事，講究「食不厭精，膾不厭細」。而且不同的季節用不同的調料，此即所謂的「膾，春用蔥，秋用芥」。不過，後世在調味上可講究多了，除以上的調味品外，尚有醋、薑、桂、香柔花、橙虀等。台灣現受日本的影響，主要用醬油、山葵、薑末及蔥等，而在牛肉方面，首選乃日本的松阪牛、神戶牛和近江牛等，如果有美國肥牛或澳洲和牛，亦在上選之列。

只是中國自馬王堆漢墓出土的陪葬食物中，尚可見牛膾外，從此之後以獸肉製膾，就只剩宋人吳自牧《夢粱錄》所載汴京街市的下酒食品中，有先羊膾、蹄膾、豆辣羊醋膾及元代主持宮廷飲饌太醫忽思慧《飲饌正要》中的羊頭膾等零星記載了。然而，河海之鮮所製之膾，自唐大盛，技術超群，並出現《斫膾書》這樣記述製膾的刀法、品種、烹飪方法的專著。宋代食膾之風依然甚盛，如臨安市場上的飲食店中，就有魚鰾二色膾、海鮮膾、鱸魚膾、鯽魚膾、群鮮膾等出售。且有不少文人亦喜親操刀俎，製膾及食膾，像陸游即有「自摘金橙搗膾齏」之句。元代及其以後，食膾之風漸衰，但東南沿海及東北地區，愛食膾者，不乏其人。

不過，降及後世，膾固然以不經加熱生食的居多，但有少許品種，則須加熱但未熟才好享用。牛膾即是其一，其手法爲用燙的，但生牛肉片的中央部分猶紅，入口極嫩，其味彌佳。我先前所食者，以老字號「新莊牛肉大王」的新鮮牛肉爐最佳，連食數片，再飲鮮湯，佐以白乾，其樂何及，誠嚴冬時節的一道暖流。至於純食生牛肉片，自以在高檔日本料理食頂級牛肉爲最，曾連食五片，綿軟滑糯，其美自不待言。但我印象最深的，反而是永和的「無雙」，其冰鎮生牛肉，純以里脊肉爲之，冰後薄切，片片圓整，夾起蘸著手工精製的壺底油而食，腴滑軟嫩，妙不可言。比起用上等和牛加芥末和醬油的吃法來，似更清爽有味，我個人甚嗜此，常據案食整盤，樂即在其中矣。惟此牛膾宜在夏日食用，猶似清泉嘩啦下，激起漣漪在心頭。

比較起來，歐美人士也吃生牛肉，那就是赫赫有名的「韃靼牛肉」，一向充作大盤主菜。據說此爲匈奴曠世雄主阿提拉（一說是成吉思汗）縱橫歐陸的名菜，後爲東歐各國取法，再遍及歐、美各國。其做法是將牛肉

◎ 歐美亦有宰殺牛隻生食的習慣

剁爛,類似搗珍,當然無《斫膾書》中,其刀法有小晃白、大晃白、舞梨花、柳葉縷、千丈線、對翻蛺蝶等花樣,但考究的,會在顧客面前拌做,將生牛肉的鮮甜軟滑,發揮得淋漓盡致。

製作此菜,約用一磅生牛肉,放進大木盆中,以木棒搓開,和以蛋黃,邊拌邊加進各種配料和香料,最後更有冧酒(即Rum,一譯蘭姆酒),其訣竅在搓須快慢有度,前後約需二十分鐘,始大致就緒。

待搓作一團後,即盛盤中奉客,顏色調和而美,淡紅牛肉之中,有零星的白點,這是生洋蔥粒,淺綠則是茱絲,調料以黑胡椒、蒜茸為主。此際再拌以蛋黃和冧酒。吃時可用匙羹送嘴,也可塗麵包上再食。其妙在入口即化,頗覺甘香,軟滑更不在話下。我在西餚中,對韃靼牛肉極鍾情,在港、台及法國嚐過多次。若論味道之棒,必以早年的「歐美廚房」為最,其老闆趙福興曾為德菜名館「香宜」首位及首席大廚,擅製德國豬腳、豬全餐、台塑牛小排、英式烤牛排等大塊文章。他老兄與我口有同嗜,皆愛韃靼牛肉,只要食興一起,即會自行搓製,由於自家食用,必慢工出細活。我口福還不錯,在機緣湊巧下,也嚐過好幾次,那種痛快勁兒,雖非前所未有,卻也庶幾近之。

◎ 韃靼牛肉

　　接下來所談的，則是上從天子下至庶民均吃的牛醢、牛羹、牛膮、牛脯和牛脩這五種。由於牛羹與牛膮系出同門，牛脯則與牛脩源自一法，差別只在它們呈現的方式有些區隔，正因大同而小異，故將之一併討論。

多汁鮮美的牛醢

　　醢即肉醬。《周禮‧天官‧醢人》鄭玄：「作醢及臡（音尼，雜有骨頭的肉醬）者，必先膊乾其肉，乃後剉（音錯）之，雜以粱麴及鹽，漬以美酒，塗置甕中，百日則成矣。」由此可見，醢是一種用動物原料加粱麴、鹽、酒等醃釀而成的食品，主要搭配牛膾和牛胾一起享用。

　　先秦時期醢的品種極多。周天子用膳時，得上一百二十甕醢，牛醢即是其一。但須注意的是，《周禮‧天官‧醢人》中，另提到一「醓（音毯）」字。據注：「醓，肉汁也。」《公食大夫禮》之注曰：「醓醢，醢有醓。」《釋名》上說：「醢多汁者曰醓。醓，沈也，宋、魯人皆謂汁為沈。」可見醓本身就是一種多汁的肉醬。

　　與醢有關的尚有「臡」。據《周禮‧天官‧醢人》之注：「臡，亦醢也。或曰有骨為臡，無骨為醢。」《公食大夫禮》則注曰：「醢有骨謂之

醢。」故醢可稱之爲肉骨醬。由上可知，牛肉醬另有雜骨及多汁這兩種特殊口味。

到了魏晉南北朝時，牛肉醬有了進一步的發展。《齊氏要術・作醬法第七十》云：「取良殺新肉，去脂細剉（陳肉乾者不任用。合脂，令醬膩）。曬麴令燥，熟搗絹篩。大率：肉一斗、麴末五升、白鹽二升半、黃蒸一升（曝乾、熟搗、絹篩）。盤上和令均調，內甕子中（有骨者，和訖先搗，然後盛之。骨多髓，既肥膩，醬亦然也），泥封日曝。寒月作之，宜埋之於黍穰積中。二七日，開看，醬出，無麴氣，便熟矣。買新殺雉，煮之，令極爛，肉銷盡。去骨，取汁。待冷，解醬（雞汁亦得。勿用陳肉，令醬苦膩。無雞、雉，好酒解之。還著日中）。」以上所述，乃用多種牲畜、獸肉製作肉醬的方法，內容詳盡。又，文中將肉、麴末、白鹽、黃蒸的用量和比例記載得一清二楚，頗值稱道。蓋因「量化」之後，俾讓時人及後人可進行仿製，實烹飪史或飲食史上的一樁大事。而可運用野雞汁、雞肉汁以至於「好酒」調和稀釋肉醬再食，亦屬創舉。

及至南宋，中國第一本女性所撰的食譜《中饋錄》問世，乃浦江（今浙江義烏）吳氏（佚名）的作品。書中載有「造肉醬」之法，云：「精肉四斤，去筋、骨，醬一斤八兩，研細，鹽四兩，蔥白細切一碗，川椒、茴香、陳皮各五六錢，用酒拌各粉並肉如稠粥，入壇，封固。曬烈日中十餘日。開看，乾，再加酒；淡，再加以鹽，又封以泥，曬之。」書中雖未言明係用何肉？但照文義觀之，應任何獸肉皆可爲之，牛肉自不例外。等到明代時，速成的肉醬問世。像宋詡的《宋氏養生部》中，即有「牛餅子（即醢，二制）：「一、用肥者碎切，機上報斫細爲醢。和胡椒、花椒、醬，浥白酒，成丸餅。沸湯中煮熟，浮先起，以胡椒、花椒、醬油、醋、

蔥、調汁、澆灌之。二、醬油煎。」細觀其內容，牛肉醬不再入甕精煉，少了歲月洗禮，蘊藉的「美」味，自然無跡可尋了。

▎牛羹與牛臛

羹在先秦時期，尚為一種製法不一、說法多元的食品，既指燒肉、帶汁肉、純汁肉，也指以葷、素食材單獨或混合燒製成的濃湯。有時，為了加強湯汁的濃稠度，還得在其內摻些米屑，稱之為「糝」。

羹的起源極早，傳說在帝堯時，就已有羹。商和西周時期，羹的品種極多，如《周禮》、《儀禮》、《禮記》等書，即記載了幾十種用牛、羊、雞、犬、兔、鶉、雉和一些蔬菜所製作的羹。等到春秋、戰國之時，羹的品種益多，成為人們的主要食品之一，自天子、諸侯至百姓，莫不食此。且據文獻記載和專家考證，當時的羹約有以下數種：

（一）**肉類羹**。《爾雅·釋器》：「肉謂之羹。」鄭玄亦謂：「肉謂之羹，定猶孰（即熟）也。」所以，有些學者如王力，便執此把羹解釋為「紅燒肉」，這與現代人的理解大有出入。

（二）**帶汁肉**。《太平御覽》引《爾雅》舊注：「肉有汁曰羹。」另，《釋名·釋飲食》云：「羹，汪也，汁汪郎也。」換句話說，牛羹是種帶有湯汁的牛肉。

（三）**肉汁**。《廣雅·釋器》云：「羹，謂之脀。」清儒王念孫考證稱：「脀之言汁也。字亦作膗。」《荀子·非相》亦指出：「啜其羹，食其胾。」說明牛羹即牛肉汁。

◎ 牛肉羹

　　當然，除了以上這三種解釋之外，當時還有用肉類和蔬菜混合以及用蔬菜單獨燒煮成的羹，例如「牛腳」，就有一種加薑煮成的牛肉羹，其味特殊而頗引人入勝。

　　基本上，臛是以動物食材煮成的濃湯，類似肉羹。然而，古代學者對臛有不同的見解。像漢代王逸在《楚辭》「露雞臛蠵」的注中說：「有菜曰羹，無菜曰臛。」以湯汁中有否放蔬菜，作爲區分羹與臛的標誌。而唐代顏師古在《匡謬正俗》一書中認爲：「羹之與臛，烹煮異齊（劑），調和不同，非繫於菜也。」是以使用調味料的不同來區分羹與臛的。再後的清儒朱駿聲則考證出：「臛，肉羹之多汁者也，稍乾者曰臛。」如此，則又是以肉汁的多寡來區分羹與臛的了。我個人亦以爲牛臛乃牛肉濃汁，似較可信。

　　另，長沙馬王堆一號漢墓出土的遺策（竹簡）中所記的羹類達二十餘種，頗能代表兩漢時期楚地的羹餚。不僅配料多樣，同時風味萬千，如以配料來劃分（主料爲動物食材），可分出醢（即醯，也就醃菜）羹、白（白米磨成細粉）羹、斤（一說爲芹，一說疑爲堇）羹、逢（一說疑作葑）羹和苦（苦荼）羹等類型。其中用牛製作的，計有牛首（頭）醢羹、牛白

羹、牛逢羹和牛舌羹等四種，區區五種，居然能居其四，由此亦可見當時人認爲牛肉是適合與菜蔬一起煮羹的。

南北朝之時，羹與臛類的菜餚益多，《齊民要術》一書內，甚至將兩者並列，稱「臛羹法」。裡頭雖無牛肉，但有雞、鴨、鵝、魚、豕、豬燒製的詳細紀錄，應可類比製做。唐代《食醫心鑑》尚有「水牛肉羹」的紀錄，指出：「把水牛肉、多瓜、蔥白加豉汁煮成，以鹽、醋調味。如果空腹食用，可治小便澀少，尿閉等症。」顯然具食療價值。惟自漢以後，重農思想抬頭，許多朝代都曾下過禁屠令以保護耕牛。如陶穀的《清異錄》上記載，後唐「天成、長興中（公元九二六到九三三年），以牛者爲耕之本，殺禁甚嚴」。從而關於牛肉的風味，文人甚少詠歎，食籍亦罕收載。除從事畜牧生產的某些少數民族外，通常在多閒之時，以淘汰之役牛供食，迄近代爲止，皆是如此。由是觀之，自唐以後的食籍不收牛羹，或恐理所當然。

在中國歷史上，最擅燒製帶湯牛肉的，一是回民，二是四川人士。前者以蘭州爲大本營，後者則以自貢市爲起源地。想不到這兩股勢力而今在台灣合流。一名清眞或清燉，另一名川味紅燒，全成當下牛肉麵的主要湯頭，影響極爲深遠。

名作家余秋雨曾描述「蘭州牛肉麵」，文云：「取料十分講究，一定要上好黃牛腿肉，精工烹煮，然後切成細丁，拌上香蔥、乾椒和花椒；麵條粗細隨客，地道的做法要一碗碗分開煮，然後澆上適量牛肉湯汁，蓋上剛剛炒好的主料。滿滿一大碗，端上來麵條清齊、油光閃閃、濃香撲鼻，一上口味重不膩，爽滑麻燙。另遞鮮湯一小碗，如果還需牛肉，則另盤切送，片片乾挺而柔酥，佐蒜泥辣醬。」

◎ 蘭州牛肉麵

　　其實，余氏筆下的這款蘭州小吃，寫得並不透徹。[1]麵條最寬的，可達四公分，稱「大寬」，次者名「二寬」（中寬），再細者爲「韮葉」（韭菜扁兒），最細如絲者叫「一窩絲」（「多搭一扣」），另「有簾子棍兒」等名目。客人喜歡吃哪一種，現叫現捭，又快又麻利。如以百年老店「馬保子」爲例，「其廚房裡下麵的大火鍋水總是清澄翻滾，十幾碗麵同時下鍋，或粗，或細，有圓，有扁，雖然花色繁多，可是有條不紊，……只用一雙長點的筷子，一撈一碗，不多不少，火候全都恰到好處，最妙的是任憑麵條在鍋裡千翻萬滾，但總不混雜，各自爲政」，這手絕活，眞不簡單。

　　其次則是馬保子「選肉嚴格，只用上品腿肉肥瘦分開，全部都切成骨牌塊大小，頭一天用小火燉上一整夜，絕不中途加水，更不放芹菜、豆芽、味精之類調味品，所以清醇肥羜，自成馨逸，湯瀋若金，一清到底」。已故美食名家唐魯孫在《什錦拼盤》一書中，對此牛肉湯汁著墨甚多，讓人垂涎三尺。

1　此麵乃將麵糰抻（即拉）成粗細不同的麵條，煮熟後澆上牛肉和湯製成。

不過，而今台灣清真館的清燉牛肉麵，先將大塊牛肉及牛大骨熬湯，再加調味料及蘿蔔片等以小火煨，麵條煮熟後撈入碗內，澆上肉湯，撒上香菜、蒜苗及牛肉片即成。以麵條柔韌、滑利爽口、牛肉軟爛、湯汁鮮清著稱。

川味紅燒牛肉麵，一說最早是在川味小吃的小碗紅湯牛肉內加麵條製成。這味小吃的製法，據美食名家逯耀東的敘述，乃「將大塊牛肉入沸水鍋汆去血水後，入旺火鍋中煮沸，再以文火煮至將熟，撈起改刀，然後將郫縣豆瓣剁茸，入油鍋煸酥去其渣成紅油，以清溪花椒與八角等綑成香料包，與蔥、薑入牛肉湯鍋中，微火慢熬而成」，至於滋味，則是「其湯汁色澤紅亮，麻辣滾燙，濃郁鮮香」頗能誘人饞涎。

此麵初興之時，以牛肉來源不易，價格不菲。但自清真牛肉麵式微後，川味紅燒牛肉麵即一支獨秀，進而在台北市的桃源街大放異采，隨後開枝散葉，散布全台各地，甚至擴張到海外。

逯氏雖認為台灣的川味牛肉麵緣自小碗紅湯牛肉。但我以為亦可能出自四川名菜的水煮牛肉。此菜的成因係清代咸豐、同治年間（公元一八五一至一八七四年），自貢鹽業鼎盛，有鹽井五千餘眼，役牛達數萬頭。由於淘汰的役牛數量多、價格低，牛肉成了鹽工們的主食，先割一塊牛肉，洗淨切片放入罐內，加水、鹽和乾辣椒煮熟食用，滷湯紅油，麻辣且燙，有其特殊風味。將其加入麵條，的確饒有創意。只是後來的麵店或麵攤子，用一只專用的大鋁鍋，裡面盛著已經燒好紅郁郁的牛肉和湯。「叫麵時只要先吩咐一聲輕紅或重紅，一會就端上來了，既方便又實惠，所以大家都喜歡吃」。其能風行至今，就在推陳出新，廣受各界歡迎。

◎ 牛肉湯麵

　　此外，河南洛陽著名的早餐「甜牛肉」（清牛肉湯）就「油旋」（即「一窩酥」，是油烙的餅），把餅泡在甜牛肉湯中吃，乃當地早點一絕。又，陝西西安聞名的牛肉泡饃，食法則類似，但牛肉湯中帶肉，同時食法多樣，使人食味不盡。

　　牛肉泡饃中的饃，即「飥飥饃」，是用百分之九十的麵粉與百分之十的酵麵摻在一起，加工成重約五十克或一百克的餅坯，先使麵飥沿邊起稜，再下鏊烘烤，約十分鐘即成。如此烙製的飥飥饃，始具備酥脆甘香和掰碎後入湯不散的特點。

　　牛肉泡饃有兩種吃法，一是饃與燴製的牛肉分開上桌，俗稱「單做」；二是饃肉合煮，即由顧客依已好將飥飥饃掰碎（掰饃講究愈小愈好，最好如黃豆大，便於入味），交廚師添入牛肉（由顧客選好部位再切配）、粉絲、調料，以旺火合煮而成。其中，又分為「口湯」（吃完泡饃後，碗內還餘一口湯）、「乾泡」（煮得較乾，食畢碗內無湯）、「水圍城」（指煮好後饃在碗中間，四周以湯圍之）等幾種。而在享用之際，佐以辣

◎ 牛肉泡饃

椒醬、糖蒜、香菜、芝麻油。同時吃泡饃切忌用筷子翻攪，講究從碗邊一點一點地「蠶食」，藉以保持鮮味。其特點爲料重味醇，肉爛湯滾，饃筋光滑，具有護胃耐饑的功能。其別具一格的食法，贏得中外客人的一致讚譽，目前已與羊肉泡饃一樣，成爲西安乃至西北地區最有代表性的小吃品種，且深受各族群眾所喜愛，誠爲牛羹或牛膢的現代版，譜下完美的樂章。

集古今牛肉大成（下）

最後要談談的，乃牛肉的乾製品。

▌牛脯與牛脩

所謂脯，即乾肉或肉乾；脩即是指乾肉條。兩者皆是經特製後，帶有特殊香味、且耐久貯的傳統肉食品。換句話說，牛脯就是呈薄片狀的牛肉乾；牛脩即是乾牛肉條。早在周朝時，可一束束紮起來，當禮品用，或抵學費。像孔子便說：「自行束脩以上，吾未嘗無誨焉。」

製作脯的歷史更久。據《尚書‧大傳》載：周武王滅商紂前，散宜生、閎夭、南宮適（讀括）三人投奔姜尚（太公），欲拜爲師。姜知他們皆具才德，乃欣然答應，並「酌酒切脯」，以此款待這三位門徒。另，孔子在《論語‧鄉黨》中，提出一系列飲食衛生的標準，凡不合此標準的，他老人家一概拒絕進食，其中包括「沽酒市脯不食」一語，可見春秋之時，魯國的市場上，已有「脯」出售了。

而後世的「薪水」，極有可能是從束脩演化而成，但束脩的原始意義，主要仍是當作食品送人。如《禮記‧少儀》即謂：「其以纍壺酒、束

◎ 牛肉條

◎ 牛肉乾

脩、一犬，賜人；若獻人，則陳酒執脩以將命。」牛脩無疑是這一時期脩的名品。又，《周禮・臘人》「乾肉」一條注云：「大物解肆乾之，謂之乾肉……（脯）捶之而施薑、桂曰鍛脩。」說明脩是要經過捶打並加薑、桂調味的乾肉。不過，自春秋戰國後，脩這個食品之名不再著錄於飲食典籍中，為脯所吸納。致讓脯一枝獨秀，流傳至今。

漢代時，尚有關於牛脯之記載，如長沙馬王堆一號漢墓竹簡中，即記有牛脯和弦脯（即牛百頁製作的脯）等。到了南北朝時期，牛脯的製作有進一步的發展，其最有名的，分別是收錄於《齊民要術・脯臘第七十五》中的兩款。

五味脯：其製法為：「用牛（亦可羊、獐、鹿、野豬、家豬）肉。或作條，或作片罷（凡破肉皆須順理，不用斜斷），各自別。搥牛、羊骨令碎，熟煮，取汁；掠去浮沫，停之使清。取香美豉（別以冷水，淘去塵穢），用骨汁煮豉。色足味調，濾去滓，待冷下鹽（適口而已，勿使過

鹹)。細切蔥白，搗令熟。椒、薑、桔皮，皆末之，以浸脯，手揉令徹（即入味）。片脯，三宿則出；條脯，須嘗看味徹，乃出。皆細繩穿，於屋北簷下陰乾。條脯，浥浥時，數以手搦（音弱，握著）令堅實。脯成，置靜處庫中（著煙氣則味苦），紙袋籠而懸之（置於甕，則郁浥。若不籠，則青蠅塵汙）。臘月中作條者，名曰『（音竹，手足凍瘡）脯』，堪度夏。每取食，先取其肥者（肥者膩，不耐久）。」同時，以「正月、二月、九月、十月」所製為佳。此脯乃歷史名食，之所以在脯前冠上「五味」二字，乃因其在製作過程時，特別注意調味。首先要用捶碎的牛、羊骨加水熬製清汁；接著用骨汁煮香美的豆豉，待「色足味調」後，濾去渣，俟冷卻下鹽，以「適口」為準。然後在調好味後的骨汁中，添加適量已細切搗熟的蔥白以及花椒、生薑、桔皮細末，並以這種汁浸片脯、條脯的胚料，用手反覆搓揉，再使胚料浸透調味骨汁。如此一來，就形成五味脯的多種味感。最後的陰乾及置放寬敞潔淨的庫房保存這兩點，更是產生特殊香氣及味道的絕妙過程，諸君不可不知。

度夏白脯：在製作時，用牛（亦可羊、獐、鹿）肉之精者（雜膩則不耐久），破作片罷，冷水浸，搦去血，水清乃止。以冷水淘白鹽，停，取清，下椒末，浸。再宿，出，陰乾。浥浥時，以木棒輕打，令堅實（僅使堅實而已，慎勿令碎肉出）。瘦死牛羊及羔犢彌精。小羔子，全浸之（先用暖湯淨洗，無復腥氣，乃浸之。」以「臘月作最佳。正月、二月、三月，亦得作之」。按照字面解釋，所謂「度夏白脯」，就是指可以經過夏天而不腐敗的白脯。製作這種脯的特點如下：（一）最好在臘月製作；（二）以精瘦之肉製作，不宜雜有肥肉；（三）切片後要浸冷水，漂淨並擠出肉

中之血；（四）將肉片浸入放有鹽及花椒末的滷水中；（五）過兩夜，將肉片自滷水中取出，陰乾；（六）在肉片尚溼潤時，以木棒輕輕敲打，令其緊實，但不能敲碎。如此看來，這款肉脯工序複雜，正是所謂的「慢工出細活」也。

唐代的肉脯，起了革命性的變化，或以輕薄取勝，或以造型見長，總之，超古邁今，不同凡響。

據《清異錄》上的記載，權閹仇世良府中有一款名脯，名「赤明香」，其特色爲：「輕薄甘香，殷紅浮脆。」由於製作精細，以致「後世莫及」。照我個人判斷，類似今之肉紙。可惜其用料與製法均不詳，無法依式製作。另同書〈燒尾宴食單〉記有「同心生結脯」，並註云：「先結後風乾。」意即這種「同心結」狀的生肉脯，是先打成結，接著風乾而成。造型如此考究，時至今日，仍不多見。尤奇的是「紅虯脯」，此乃唐懿宗賜給同昌公主的嫁粧。其脯呈紅絲狀，高可一丈，放在盤中，頗爲虯健。用箸一壓，立刻彎曲，但隨即會恢復挺直狀。韌性與彈性之大，令人咋舌。以上三者，雖未明說用何獸肉製作？但牛肉應爲選項之一。

宋、元之時，肉脯的製作，因添入大量香料，有進一步的發展。像宋人陳元靚的《事林廣記》中，收有「國信脯」一味，謂其以精肉製作，「每斤夏用鹽一兩（多用八錢重），好醋半升，烏芹、桔紅、木香、紅豆、硇砂等末，同煮一、二沸，慢火翕（音夕，指相合）盡爲度」。正因香料及醋用得夠多，自然利於久藏。又，元代御醫忽思慧的《飲膳正要》內，載有可治脾胃久冷，不思飲食的「牛肉脯」，云：「牛肉（五斤，去脂膜，切作大片）、胡椒（五錢）、蓽撥（五錢）、陳皮（二錢、去白）、草果（二錢）、硇砂（二錢）、良薑（二錢）、研爲細末，添生薑汁五合、蔥汁一

合、鹽四兩，同肉拌勻；淹（即醃）二日取出，焙乾作脯，任意食之。」
由此可見，當時任意而食的牛肉脯，已如同今日的牛肉乾一樣，隨時可當
零嘴食用。

元明之際的韓奕，在其所撰的《易牙遺意》內，收有「千里脯」這
一食品。云：「牛、羊、豬肉皆可。精者一斤，醞酒二盞、淡醋一、白鹽
四錢、（麥）冬三錢、茴香、花椒末一錢，拌一宿，文武火煮，令汁乾，
晒之。詩曰：「不論豬羊與太牢（指牛），一斤切作十六條。一淡醋二盞
酒，茴香花椒末分毫。白鹽四錢同攪拌，淹過一宿慢火熬。酒盡醋乾穿晒
卻，味甘休道孔聞韶（指孔子聞韶樂而三月不知肉味）。」由於其選肉脯
的經驗和製作方式，大有俾用於世。於是有人改成民歌，歌曰：「不論豬
羊與太牢，一斤切作十六條，大盞醇醪小盞醋，烏芹蒔蘿入分毫，揀淨白
鹽稱四兩，寄語庖人慢火熬，酒乾醋盡方是法，味甘不問孔聞韶。」鄙俚
近俗，傳播更廣。

此外，明人高濂在《遵生八箋》中，亦錄此「千里脯」一味，唯文字
略有出入。但可確認的是，這種隨時取用的旅行食品，已正式確立，由明
而清，影響至今。

明代飲食鉅著《宋氏養生部》中，載有「香脯」。云：「用牛、豬肉
微烹，冷切為軒，坋花椒、蒔蘿、地椒、大茴香、紅麴、醬、熟油、遍揉
之，煉火上烘絕燥。」以上所述的千里脯和香脯，在製作上都有一些特
點。尤其是後者，須將牛或豬肉略微煮熟，冷後切片，加多種調料末及
醬、熟油揉拌勻，然後上火烘乾，故味道特別香。這種製作方式，已與近
世相去不遠。江蘇靖江所製者，尤佳。

清代的「千里脯」與「牛脯」，承明之緒，製作更精，朱彝尊所撰的《食憲鴻秘》中，均有記載。前者云：「牛、羊、豬、鹿等同法。去脂膜淨，止用極精肉。米泔浸洗極淨，拭乾。每斤用醇油二盞，醋比酒十分之三，好醬油一盞，茴香、椒末各一錢，拌一宿。文、武火煮乾，取起。炭火慢炙，或用晒。堪久。嘗之味淡，再徐塗醬油炙之。或不用醬油，止用飛鹽四、五錢，然終不及醬油之妙。並不用香油。」此法比起《易牙遺意》的做工細緻，而且拈出用醬油的比用飛鹽為佳，口味上已更進一步。

後者則云：「牛肉十斤，每斤切四塊。用蔥一大把，去尖，鋪鍋底，加肉於上（肉隔蔥則不焦，且解羶）。椒末二兩，黃酒十碗、清醬二碗、鹽二斤（疑誤。酌用可也），加水，高肉上四、五寸，覆以砂盆，慢火煮至汁乾取出。臘月製，可久，再加醋一小杯。」只是這種大塊文章的牛脯，顯然要片而食之，其滋味應與揚名至今已歷三百年的山西平遙牛肉相當，但平遙牛肉的做法，由宰牛至完成，已成專業技藝。其最令人稱奇者在於，一般人都愛吃肉質細嫩的小牛肉，但平遙的老牛肉硬是要得，非特愈老愈香，而且愈老愈嫩，這種絕妙手藝，蔚為食林奇觀。

約三百多年前，產在晉中平遙、介休的平遙牛肉，便已大享盛名。到了清末民初時，更是大放異采，一度躍居為達官顯貴宴客的必備品之一，盛譽至今不衰。

平遙一帶，早在漢代，便已養牛，但養牛皆為耕田，只有在牠年邁無力耕田時，才宰來祭人的五臟廟。久而久之，自然逐漸形成一套製作老牛肉的獨到經驗。直到清代，當地一位雷姓師傅進一步將此發揚光大，其店內製作的五香牛肉尤具特色，竟與汾酒、太谷餅鼎足而三，成為山西省的著名土特產。向有「平遙牛肉太谷餅，杏花村汾酒頂有名」的令譽。

◎ 平遙牛肉

◎ 太谷餅

　　雷師傅一脈相承的這套特殊技藝，從宰牛、剔骨到切肉塊，竟只需一刻鐘，委實快得驚人。他在宰牛之時，先切斷牛頭兩根主動脈，讓牛血盡快流盡。如此宰殺的牛，肉內不存血，色澤才會好。其次為減少牛死前緊張、驚嚇的時間，即能防止肌肉纖維收縮所造成的堅韌。至於剔骨、切肉更要快，這樣才能保持肉質的鮮嫩度。

　　製作時也很講究。光是切個肉，通常根據季節和部位，將全牛分割成十六塊到二十塊不等。先在肉塊上以利刃劃開數條刀花，揉入山西特產的池鹽，接著放入大缸中，用平遙城內含鹼的井水浸泡，最後再用牛骨封住缸口。浸泡的時間亦因季節而不同，夏季半個月，春、秋兩季一個月，冬季則需兩、三個月，絕不能一成不變。

　　浸泡好的牛肉，用冷水洗淨後，入筒式大鍋中，加含鹼井水和池鹽煮製，不放任何佐料，必需「水深要把肉浸到，湯沸鍋心冒小泡」，才算合格。且在經八小時熬煮後，再以餘溫燜上四個小時方成。每鍋一次可煮肉八百斤以上。

這種牛肉分肥牛肉和大膘肉。肥牛肉有肉帶油，紅白分明，尤為美觀；大膘肉則肉多油少，食後無渣。姑不論是哪一種，皆色澤紅潤，肉質鮮嫩，濃香撲鼻，綿軟酥爛，鮮美異常。由於肉含水分少，能耐久藏，且不變味。天熱的保存期短，約為一週，冬天的保存期長，可達一月。

二十世紀三〇年代，平遙牛肉已遠銷至北京、天津、西安各地。當時每逢秋冬時節，各地肉商雲集平遙，販運牛肉，名冠北國，好不熱鬧。一九五六年時，它更在北京所舉辦的全國食品名產展覽會上，被評為名產。其產品亦曾遠銷至北韓、外蒙及南洋諸國，所至有聲，迭獲好評。

▎透薄可見燈影的美味

除了平遙牛肉外，尚有兩款牛肉的乾菜或乾點，皆因滋味而名聞遐邇，一為四川的燈影牛肉，另一為廣西的玉林牛巴。巧的是它們都與製或販鹽業息息相關。

燈影牛肉出自四川自貢地區，一稱達縣。又因其成品的造型像爆竹（火鞭），故一稱「火鞭子牛肉」。

製作此肉須高超的手藝，肉片得極薄，可隱約透光。相傳在公元八一五年時，唐代名詩人元稹出任通州（今達縣一帶）司馬。某日，他微服出訪，路過落花溪，入酒肆小酌。店東以拿手的牛肉片充作下酒菜。元稹見此肉片油潤紅亮，薄可透明，十分好奇。用箸挾起，舉在燈前，居然可以透光，煞是好看。以之佐酒，麻辣鮮香，酥脆可口。當知本菜無名時，乃乘興欣然贈名，稱「燈影牛肉」。此名則因名人品題，自通州傳開後，從

◎ 燈影牛肉

此名噪四川。不過，以上所云，並無信史可徵，只是齊東野語，不值識者一哂。

一說清光緒年間，專做燒臘的劉某，起先專賣醬牛肉，由於片得甚厚，不受人們歡迎。他老兄不得已，只好苦練刀法，幾乎出神入化，成品片薄透明，色澤紅亮。再經巧思調味，即成此一妙品。目前燈影牛肉乾品的做法為：選用牛腿上的腱子肉，片成極薄的片，經過烘、蒸、炸等工序，接著以料酒、辣椒粉、花椒粉、五香粉、白糖、薑末等多種調味料烤製而成。質薄酥香，味鮮而辣，入口化渣、回味無窮，乃一款享譽中外的薄明肉脯。

所謂牛巴，即牛肉巴，為廣西玉林地區的傳統名品，迄今已有七百餘年。話說十三世紀時，當地的食鹽全靠牛車販運。有位姓鄺的鹽商在販鹽途中，拉車的老牛暴斃，鄺某捨不得丟棄，便將死牛宰割，取其淨肉後，用車上的食鹽醃製，然後置烈陽下曬乾，權充途中乾糧。輾轉回到家中，

◎ 玉林牛巴

又把未食畢的牛肉乾，加入玉林特產的八角、桂皮等五香料，入鍋以文火慢慢燜製。當揭蓋時，香氣四溢，鄰人聞之甚奇，忙問所烹何菜？酈某望著鍋裡酷似牛屎巴狀的肉乾，戲稱其為「牛巴」。此菜後經歷代廚師不斷改進烹製，越發膾炙人口。

當下的玉林牛巴，運用鮮嫩的黃牛臀部肉（俗稱打棒肉）為主要原料，以利刀平削成長條薄片，風乾或烘烤至硬中帶軟時，再用多種五香料肉湯濃汁，經文火慢慢收乾而成。色深褐而半透明，濃香撲鼻，入口酥鬆，略嚼即碎，愈嚼愈香，乃佐餐下酒的美食。而今在當地民間，每逢年過節，或紅白喜事，以及老饕聚會，往往少不了這道菜。許多人到此觀光旅遊，莫不以品嘗這一特有的牛巴為快。事實上，燈影牛肉與牛巴皆可入饌，雖用牛脯手法，但因速成之故，產生另類口感，頗受時人歡迎。牛巴尤奇，並非玉林所獨有，雲南與貴州的牛巴亦具特色，貴州的青山牛巴在製作上尤細緻，堪稱一絕。

青山地區每選在秋末時節，牛已膘肥體壯之際，把牛宰殺後進行剝離，先去頭、內臟，將四腿懸掛，使血水滴淨。再按照肌理的紋路結合傳統手法醃製，分別完整地切割腿肉。一側的前、後腿均為七塊，另外一側

相應成對，總共二十八塊。並根據部位，冠以風趣名稱。前腿分別稱為：外腰條、胸叉肉、宰口肉、肋巴肉、靴子肉、胂板肉、肩包肉；後腿則分別稱為：肉腰條、脧子肉、棒頭肉、魚肉、葫蘆肉及羊盤肉。如非個中老手，分不出是哪部位的肉。

待牛肉切割完畢後（要求平滑光整），按牛肉和鹽一比零點零四的比例配上椒鹽（鹽與花椒粉混合炒熟），再逐塊將牛肉撒上椒鹽，在大盆或鍋內充分搓揉至軟，使椒鹽滲進肉裡，即按大小依次置入大龍罐內（口小腹大的陶器）按實，每層之間，略撒少許椒鹽，接著密封罐口。約莫二十天後，即可取出曬乾，或出售，或自食。

食用牛乾巴時，常將其切成薄片、細絲，或炒，或蒸，或炸，均十分可口。如輔以諸佐料（蔥、薑、辣椒、香菇、蒜、醬等），更別有風味。我約二十年前，初次在「雲松小館」品嘗，頗為驚豔，後數度往嘗，皆甚滿意。

話說回來，而今的牛肉乾在台灣可是大行其道，而且種類多元，堪稱集中國口味之大全。比方說，原味（陝西清真）、麻辣（四川）、甜香（廣州）、五香（北方諸省）、醇香（貴州）及果汁（發跡上海，大盛於貴州）等，在台灣都有製造及愛好者。我個人覺得最特別的是果汁牛肉乾。此品原創人為貴州人洗炳成，他年輕時，迫於生計，在上海繁華的新舞台前推車叫賣其獨門的果汁牛肉。其製作時，須選用優質牛肉，剔除筋膜、肥膘。片薄後，加入薑茸、香蔥、桔皮、山奈、八角、甘草、茴香等，料酒、醬油及白糖拌勻，醃漬一天。接著用竹篩分片攤開，曬乾或烘乾後，剪為方塊，經油炸起鍋過濾後，加入適量醬油、白糖、橙皮粉和料酒，趁熱灑芝麻拌勻即成。

由於果汁牛肉乾質量優異，獨樹一幟，聲名不脛而走，生意逐漸興隆，遂於二十世紀二〇年代開設「冠生園食品店」，名噪一時。他也更名為冼冠生。國共內戰後，他回到故里，即另起爐灶，恢復並量產，現聲譽鵲起，揚名大中華。

此肉乾色澤黑褐，片形小巧，內乾外潮，綿中帶酥，滋濃味厚，桔橙味、五香味、牛肉香味並存，獨具甜、鹹、酥、綿、香的特殊風味，細嚼慢嚥，回味無窮，乃著名的「消閒」食品，常令人一口接一口，每每不能自休。

古往今來，食牛之法千變萬化，以上所述者，僅一脈相承，有跡可尋之例，實不足以道盡其妙。然而，食牛大有助於人身。中醫認為牛肉味甘性平，入脾胃經，有補脾胃、益氣血、強筋骨的功效，可以治虛損、羸疲、消渴、脾弱不運、水腫、腰膝痠軟等症。《醫林纂要》對此說得最為透徹，指出：「牛肉味甘，專補脾土。脾胃者，後天血氣之本，補此則無不補矣。」盼君多食此，牛肉最保本，安中益氣，受惠無窮。

添膘第一烤羊肉

炎炎夏日一過，轉眼金風送爽，這時節，可是北京最好的氣候。依據
《京都風俗志》的說法：「立秋日，人家亦有豐食者，謂之貼秋膘。」貼
秋膘一詞，相當於我們這裡所說的「進補」。只是北京視貼秋膘為迎秋的
盛事，但在台灣，則在立冬日補冬，此應是兩處的地理位置，因南北不同
所使然。

▌進補大吉祥

所謂「大吉羊」，就是「大吉祥」，按古文字中，「羊」與「祥」通。
或許是有了肥羊，就會吉祥了。因此，舊都北京的「京師大吉羊」，亦可
理解為「北京大肥羊」。而一提到北京的羊肉，那可是赫赫有名的，至於
那貼秋膘嘛，自然以羊肉為主，一般在立秋日當天所食的，乃已故散文家
鄧雲鄉口中的「神品」，即羊肉西葫蘆餡燙麵餃，皮軟滑而餡清鮮。過了
此日後，羊肉的吃法就變化多端了，最為人所稱道的，不外白水煮羊頭
肉、炮（一作爆）羊肉、涮羊肉、燒羊肉和烤羊肉這幾種。雖然各種食
法，都有其愛好者及擁護者，但若論起普及度與受歡迎的程度，必以烤羊

◎ 古時烤羊肉串的壁畫

肉為最。此一食法源遠流長，迄今仍居主流地位。

中國歷史上最早的羊肉菜之一，即是周代上大夫、下大夫食用的「羊炙」。此菜的燒法，極可能是洗淨大塊羊肉，加調味料略醃，烤畢再切成小塊，放在食器中食用。這道菜歷代相傳，歷經唐、宋、遼、金、元數朝，仍是宮廷名菜之一。尤其在宋代，君王們莫不愛食烤羊肉。

明代的宮廷，亦好「炙羊肉」。劉若愚《酌中志·明宮史·飲食好尚》上寫著：「十一月……吃炙羊肉、羊肉包、扁食餛飩，以為陽生之義。」縱使明代與宋、元二代不同，羊肉在宮廷的御膳中，不再占首要地位，但依舊是御膳裡所不可或缺的。特別一屆冬季，食羊尤其盛行，或與食療有關。惟其食法有別，乃片成薄片醬漬再烤，極有風味。當時民間的吃法則異於是，宋詡在《宋氏養生部》指出：「醬炙羊，用肉為軒（大塊），研醬、米、縮砂仁、花椒屑、蔥白、熟香油，揉好片時，架於水鍋中，紙封鍋蓋，慢火炙熟。或熟者復炙之。」由此觀之，宮廷所食者，為生炙羊肉，民間所製的，則是熟烤羊肉。只是後者的做法，在清代由清真的羊肉牀子發揚光大，形成獨樹一幟的燒羊肉。

◎ 烤羊肉的小攤販

　　清代盛極一時的烤羊肉，照老報人金受申的看法，「大約是隨清代入關來的，比較靠得住些」。由於「烤肉本是塞外一種野餐，至今還保留著腳趾板凳的原始狀態」；且「殺得牛羊，割下肉來，架上松枝，用鐵叉叉肉就火便烤，並沒有『炙子』，也沒有醬油等一切作料，只蘸著細鹽吃，鮮嫩異常」。這等粗豪食法，倒也過癮痛快。

　　而今在北京，提到烤羊肉，首推「正陽樓」。此飯莊的歷史，可追溯至清道光二十三年（公元一八四三年），它以魯菜出名，螃蟹和烤、涮羊肉尤譽滿京城。後二者配上京東燒鍋酒，更是叫座。張麗生在〈舊京竹枝詞〉中便盛讚道：「烤涮羊肉正陽樓，沽飲三杯好澆愁。幾代興亡此樓在，誰為盜跖誰尼丘？」它亦因此而躍居北京八大樓之道。

　　位於前門外肉市街的「正陽樓」，起先「以善切羊肉名」，其妙在「片薄如紙，無一完整」，而且此「專門之技，傳自山西人，其刀法快而薄，片方整」。據了解，其羊肉片在選好上肉後，先行剔骨，肥瘦大體分開，接著剖成手臂粗的長條，以布裹緊，切去肉頭。此時其橫切面紅白相間，煞是好看，接著順其切面，用一種特製（長約一尺、寬約二寸）且又薄又

快的利刃，切成極薄的肉片，每十幾片疊放在小盤內，謂之一盤，吃時以盤計。然而，這種利刃切不了多久就鈍了。於是乎飯莊內數人切肉，邊上另有一磨刀人，在一旁不停地磨刀。此情此景，絕非現在用電鋸的業者所能想像的。而這手真功夫切出的肉片，其滋味之美，更非電鋸之羊肉所能望其項背的。

香氣四溢烤羊肉

又，據《都門瑣記》的記載，「正陽樓」以羊肉名，「其烤羊肉置爐於庭，熾炭盈盆，加鐵柵其上，切生羊肉片極薄，漬以諸料，以碟盤之。其爐可圍十數人，各持碟踞爐旁，解衣盤碟，且烤且啖，佐以燒酒，過者皆覺其香美。」到了民國年間，《舊都文物略‧雜物略》中，在談到北京人生活狀況時，亦寫道：「每年八、九月間，『正陽樓』之烤羊肉，都人恆重視之。熾炭於盆，以鐵絲罩覆之。……（羊肉片）蘸醯（醋也）、醬而炙於火，馨香四溢。食者亦有姿勢，一足立地，一足踏小木几，持箸燎罩上，傍列酒尊，且炙且啖，往往一人啖至三十餘桦（即盤），桦各盛肉四兩，其量亦可驚也。」其所描繪的這幅享受美味圖景，令人宛如身臨其境，不禁饞涎欲滴，真是羨煞人也。

由於早年在烤羊肉時，用的是六道楞的木筷，惜此木筷雖趁手，但易藏汙穢及燒糊筷頭。自福建人張修竹發明用「箭竹」（即江葦，質堅外光，最為合用）後，「正陽樓」隨即採用，因開風氣之先，聲名更加遠播。

除「正陽樓」的烤肉外，金受申最推薦的，乃北京的「烤肉三傑」，它們分別是「烤肉宛」、「烤肉季」和「烤肉王」。這三家「都是小規模

◎ 烤肉宛的廚師烤肉

營養，就是口袋裡只有幾毛錢的客人，也可以進去一嚐」。其中的「烤肉宛」，只因地處鬧市，故少了些風雅之趣。畢竟，「烤肉本是登臨樂事，地處鬧市就覺得風趣差了」，而且它以烤羊肉發家，烤羊肉則是附帶性質，但因製作精湛，亦深受行家的青睞。

「烤肉宛」的烤羊肉，專選用西口團尾綿羊或經閹過的公羊或乳羊，體重以四十斤左右為宜，惟用於烤食的肉，約在十七斤上下。其食材選擇之精，固非比尋常，再加上宛家的獨家刀法及加工工藝的巧妙、複雜，故切出的肉片極薄而小，且整齊如一。而烤時的木料，則以松枝、松塔為之，香氣四溢。在烤羊肉前，先把炙子燒熱，並用羊尾油擦之。待食用之際，將醬油、料酒、鹵蝦油、薑汁水、西紅柿、雞蛋液等調料，根據自己的口味，兌成味汁，接著將肉片置味汁浸醃入味，隨即把切好的蔥絲放在炙子上，最後把肉片撈出，放在蔥絲上，邊烤邊翻動。俟肉烤至將透，再添香菜末翻動，至羊肉色呈粉白時，即可食用。此際烤好的羊肉，肉質含

漿、滑爽、肥而不膩、瘦而不柴,其嫩度甚至可與豆腐媲美,遂聞名遐邇,有口皆碑。

比較起來,位在農壇四面鐘、地勢高爽的「烤肉王」,就有登臨之樂,它臨野設攤,「頗有重陽登高的意思」。可惜城外風景雖佳,吃頓烤羊肉可不方便,自然顧客有限,知名度也就不高了。

真正得天獨厚的烤羊肉,首推「烤肉季」。它的歷史較「正陽樓」略晚,始創於清道光二十八年(公元一八四八年)。當時,一位名叫季德彩的通縣人,每年仲夏到初秋間,便來到什剎海(位於北京北城,以風光旖旎著稱)趕「荷花市場」。在「銀錠橋」(橋在什剎海後海與前海之間,乃一座單孔小石橋,以形似倒置銀元寶而得名。此乃隔水望西山的最佳所在,「銀錠觀山」遂成為「燕京小八景」之一)東側擺攤,掛著「烤肉季」的招牌,經營烤羊肉。由於手藝高超,食客如織,終與觀西山、賞荷花齊名,號稱「銀錠橋三絕」,烤羊肉尤為人們所稱道,盛譽迄今不衰。

季德彩過世後,兒子季宗斌(人稱「季傻子」)接手經營,改變經營策略,常給預訂的大戶人家提供到府送貨的服務。他自己三不五時推著小車,帶上羊肉片、調料、松柴和烤肉用的炙子及一、二位伙計,到附近的大宅府邸應差[1]。據說攝政王(指醇王)載灃好食烤肉,尤其是「烤肉季」的烤羊肉。曾有一家烤肉舖子想搶下這宗買賣,說通了王府管事,把自家的烤肉送入府內,不料載灃只吃了一口,馬上大發脾氣,說這不是季傻子烤的肉,嚇得那位管事的,再也不敢讓別家的烤肉進府了。

---

[1] 什剎海附近的豪門深宅、王府大院,主要者有後海北岸的醇王府,後海南岸的恭王府,定阜大街的慶王府、毡子胡同的羅王府,銀錠橋附近的允祺府、允禑府,以及張之洞的「可園」、宋小濂的「止園」、濤貝勒府花園、水東草堂、金氏園等。

◎ 烤肉季　　　　　　　　　　　　　　　　　◎ 烤肉季的烤羊肉

　　金受申並謂：「『烤肉季』主人季宗斌自己切肉，肉用牛羊庄的貨，手藝也很好，並自製荷葉粥，外烙牛舌餅，很有特別韻味。」民國十六年起，季家由第三代接手經營，買了一座小樓，「烤肉季」從此由荷花市場上的臨時攤棚，變成了有固定門面的正式餐館。雖未像以往「後臨荷塘，前臨行道，但又非車馬大道的煙袋斜街，所以僻靜異常，⋯⋯吃喝卻極爲方便。⋯⋯後院便是海岸，高柳下放鐵炙子，雖在盛暑也不覺太熱」，但主人饒有創意，臨湖搭榭設立了「水座兒」，美上加美，可以吃肉飲酒，賞荷戲水，觀山攬景，甚至談文論畫，於是乎成了文人墨客最愛光顧的老字號餐館之一。著名的國畫名家溥雪齋便稱其情其景爲「蓮池別墅」。

　　季家的烤肉之所以能味美絕倫，遠近馳名，百年猶盛。其中的關鍵：在於嚴選食材不湊和，刀工講究不馬虎及熟製手法別具一格。是以近悅遠來，高朋滿座。

　　在過去，「烤肉季」選用的上好羊肉，主要是體重二十公斤左右、黑頭團尾的西口綿羊，然後才是北口的長尾羊或他處的大山羊。而且每天清晨，到京城各大羊肉牀子精心挑選，只要後腿和上腦這兩個部位。接著進

行加工，剔除筋骨肉膜，用帘布包好肉，冰凍一晝夜後，再取出來切片。切刀是特製的，所切出來的肉，須切成二、三寸長、一寸寬的半透明肉片，便於食客根據不同口味選用。例如有人偏好吃瘦肉，可選滿盤紅色的「黃瓜條」；喜歡吃肥肉的，有紅白各兩端的「大三岔」；愛食肥瘦相間的，則有五花三層的「小三岔」；亦有人頗嗜羊腱子，肉就片得厚一點。總之，爲了滿足各方需求，選料片料，莫不精究。

其次，烤羊肉用的燃料亦不含糊。通常不用雜木，而是選用松塔，或者松木、柏木。松煙散發出的香氣，也使得烤出來的羊肉，帶有一股松香，引人入勝。

此外，烤肉最宜邊吃邊烤。在一張大圓桌上，放一口板沿大鐵鍋，鍋沿置一鐵圈，再放上鐵條炙子，鐵圈留一火口，以便投添木柴。羊肉就在炙子上烤，松煙與肉味混合，隨風飄散，香聞四鄰。這比起他店用雜木所烤出的，少了松煙味，氣氛就差些。畢竟，「炙之燔之」，以香居冠。

而在享用之時，須備好一碗調料，其內起初有大蒜末、香荽末、鹵蝦油、醬油、料酒等。後來又多了香油、薑汁、白糖、醋及辣椒油等調料，由食客隨意調製，充滿個人化色彩。另，可備一碗涼水，在烤羊肉之前，先在水裡略蘸（確能從肉洗出血水來），再置炙子上翻烤，待顏色稍變，即可取出，蘸調料送口，亦有根本不用水碗者。還有人喜愛將塗有雞蛋清的肉片，先在調料碗內攪勻，接著再烤，取其滋濃味厚。但不管用何種方式，均搭配冰鎮的黃瓜、西紅柿、糖蒜及生大蒜佐餐，豐富多彩，好不快活。

最後，食客隨性選畢羊肉，依其肉質肥瘦，烤的老嫩焦糊，味的濃淡甜辣，食的急緩快慢，全在自己拿捏，自烤自吃，現烤現食，樂趣無窮，號稱「武吃」。如果不想自家動手，也可請伙計在旁代勞，光動口，不動手，是謂「文吃」。姑不論是文吃武吃，其鮮美香逸則如一。不過，鄧雲鄉的看法，則是「自力更生最好，吃別人烤得的，就沒味了」。說的也是實情。

烤羊肉的滋味，確實令人流連忘返。已故散文大家梁實秋便不能忘懷，於《雅舍談吃》中指出：「在青島住了四年，想起北平烤羊肉饞涎欲滴。可巧『厚德福飯莊』從北平運來大批冷凍羊肉片，我靈機一動，托人在北平為我訂製一具烤肉支子。……支子運來之後，大讌賓客，命兒輩到寓所後山拾松塔盈筐，敷在炭上，松香濃郁。烤肉佐以濰縣特產大蔥，真如錦上添花，蔥白粗如甘蔗，斜切成片，細嫩鮮甜，吃得皆大歡喜。」可惜的是，梁老後來旅居美國，也曾如法泡製，只是不如預期，未能恣意大啖。

關於這個貼秋膘，江寧夏仁武對烤羊肉特別讚賞，所撰枝巢子《舊京秋詞》中，有詩道：「立秋時節競添膘，爆涮何如自烤高，笑我果園無可踏，故應瘦損沈郎腰。」詩後並自注云：「舊都人立秋日食羊，名曰添膘。館肆應時之品，曰爆、涮、烤。烤時自立爐側，以箸夾肉於鐵絲籠上燔炙之，其香始升，可知其美，惜余性忌羊，未能相從大嚼也。」這位老先生不食羊肉，卻對這種武烤的「野趣」歆慕不已，想來應是其中有真趣吧！

而今韓、日兩國的烤肉館席捲台灣，號稱「無煙燒烤」[2]。其選料、刀法（機器製作）、調料和食法上，均師承自「京師三大風味美食」之一的烤肉。故當下想吃到烤羊肉其實不難，而且四時可享。這種情形，絕非清道光年間楊靜亭賦詞云：「嚴冬烤肉味堪饕，……火炙最宜生嘗嫩，雪天爭得醉燒刀。」所能想像得到的。光就此點而言，咱們住在台灣，實在幸福得多了。

---

[2] 改置新的抽氣系統，不像以往用大煙罩，有礙觀瞻且煙霧瀰漫。

燒全羊與全羊席

北宋初年，徐鉉受宋太祖之命，重加刊定《說文》時，表示「羊大則美」。迨神宗朝名相王安石撰《字說》，解「美」字為「從羊從大」，並云：「羊大為美。」姑不論體積大的羊，味道是否更美更好；但可確定的是，「全羊席」須以大羊為之，才能變化無窮；至於燒全羊嘛！當然是愈小愈好囉！

▌坑羊甚美

早在周天子之時，其御用八珍之一，即有燒全羊一味。據《禮記‧內則》的記載：「炮，取豚若將（將同牂）。」此「若」字可以理解為或，也就是說，製作炮菜，取小豬或小母羊為食材。其在烹製前，先宰殺整治乾淨，去除內臟，塞棗子於腹內，用蘆草包裹紮好，外表再塗上濕粘土，置入火中燒烤。等到濕黏土烤透，剝去外殼那層乾泥，洗過手後，即去掉皮肉上的灰膜。接著，取糊漿（用米粉加水調成粥狀）塗在乳豬或小母羊的身上，取鼎添油燒熱，將牠們炸至皮脆取出，切成片狀，放入另一只小鼎內，加入香料，再把小鼎置於裝有湯的鼎內，且注意大鼎之水不能滾入

小鼎中，然後以文火連續燉個三天三夜。臨食之際，以醬、醋調味再食。此法十分考究，肉質肥而不膩，酥香且帶肥鮮，一直傳承下來。惟炮豚演進成烤乳豬後，另闢蹊徑，兩者遂正式分家。

到了南宋，「炮牂」之法尚在，乃宮廷名菜。據《經筵玉音答問》一書的記載：宋孝宗趙伯琮在宮中設宴，請老師胡銓吃飯，席中有「鼎煮羊羔」、「胡椒醋羊頭」和「坑羊炮飯」這三道菜。其中的「鼎煮羊羔」，即是「炮牂」之遺風。

然而，最為宋孝宗所津津樂道的，則是「坑羊」，並謂：「坑羊甚美！」這兒所說的「坑羊」，即是掘地為爐，以火加熱，使羊受熱致熟之法，惜未載其燒法，後人無由窺其堂奧。幸喜明人宋煦的《宋氏養生部》中，述其燒法甚詳，雖然年代相差甚多，但有借鑑及參考的價值。

宋書內指出：「坑羊，用土甃（音宙，以磚砌成各種花紋），砌高直灶，下留方門，將堅薪熾火燔使通紅，方置鐵鍋一口於底，實以溼土。刉（音虧，割殺）栓稚全體羊，計二十斤者，去內臟，遍塗以鹽，摻以地椒（即蔓椒之小者，產於北方，專用烹羊）、花椒、蒔蘿（茴香）、坋（塗飾）蔥屑。取小鐵，攣束其腹，以鐵樞籠其口，以鐵鈎其脊，倒懸灶中。乘鐵梁間，覆以大鍋，通調水泥墐（塗塞）封一宿，俟熟。或以燒料實於腸，周纏其體坑之，有常開下方門，時以煉火，續入復閉塞。以兩鍋相合，架羊於中，塗其口，坑熟，製尤簡而便也。」

以下介紹了四種「坑羊」的製法，全都得掘地爐或砌磚爐。第一種燒法乃用鐵叉、鐵鍋架地灶上烹之；第二種為包裹全羊，外用泥封，置迓爐灶塘炭中，煨烤至熟；第三種亦包裹泥封、架於磚灶上，其下用火斷斷續續燒，最後封嚴灶口，燜煨至熟；第四種則是將全羊放在鐵鍋內，上面再

蓋一只鐵鍋，架於地灶上，下以火燒，餘火煨熟，這應是所有的製法當中，最簡便的一種。

目前內蒙古傳統名菜中的「爐烤帶皮整羊」，乃當地飲膳食俗的代表作，係蒙古族重大喜慶宴會第一道佳餚，就其製作的方法觀之，實為宋、元、明三代「坑羊」的重現。

此菜在製作時，選妥一到兩歲大尾巴白色羯羊，先在頸部割斷動脈，一放完血，在攝氏八十五度的熱水汆燙，去毛，接著在後腿裏側橫拉一刀，打進空氣，刮洗乾淨。另，在腹部順開一刀口，掏出內臟，擦淨腔內血污，再以專用鐵鏈把羊拴掛好，腔內放蔥、薑、花椒、八角、小茴香及鹽等調料，然後在羊腿處，用尖刀捅個洞，放入事先炒乾且輾成末的花椒、八角、小茴香、精鹽，並在羊皮刷上醬油、糖色、芝麻油晾半小時後，仰掛在已用木柴燒三小時的磚泥製烤羊爐內，爐口蓋上鐵鍋，以黃泥（或溼布）密封，烤約兩時辰，待色澤金紅，羊皮焦脆，羊肉嫩香即成。

又，開爐取羊後，將整羊臥於特製木盤內，羊角繫上紅綢，擡至餐室請賓客觀賞，獻上哈達，隨後剝下羊皮，另剁塊裝盤上席，再割下肉，切成厚片，配以蒜泥、蔥絲、麵醬、荷葉餅上桌。以色澤深紅、外皮酥脆，肉嫩味鮮而為世人所重。

其實，此款全羊菜，各地做法不盡相同。除「坑羊」的手法外，元初亦盛行「掘地為坎以燎肉」，元中葉後，則「柳蒸羊」大行其道。據《飲膳正要》及《朴通事》的記載，此法為「羊一口帶毛。……於地上作爐，三尺深，周回（圍）以石，燒令通赤，用鐵算盛羊，上用柳子（柳樹之葉）蓋覆，土封，以熟為度。」清代則出現以爐烤羊，並成為蒙古王府中常用的首席名菜，例如康熙至乾隆年間，駐北京的蒙古王公羅卜藏多爾

濟府內（簡稱羅王府），即常備此饌，其廚子嘎如迪，亦以此而名重京師。

招待上賓的烤全羊

又，「烤全羊」，蒙古認稱「昭木」或「好尼西日那」，當下是內蒙地區用來招待貴賓的傳統風味名菜，其首府呼和浩特，每遇重要節日時，仍必以「烤全羊」爲上饌。

至於新疆的「烤全羊」，乃當地久負盛名的首席名菜，維吾爾語稱「吐魯兒卡瓦甫」，其意乃饢坑烤肉。清代時，一度成爲宮廷大菜，而今它已與內蒙古的「烤全羊」一樣，名聞中外，享有盛譽。維族人凡遇重大節日或招待貴賓時，無此饌則不恭敬，其推重由此可知。

據說很久以前，新疆南部地區，和闐、喀什、庫車等地的商人，他們帶著駝隊、貨物外出經商，往返跋涉於戈壁翰海，攜帶乾糧充饑。途中遇有羊群之處，爲了打打牙祭，便向牧民買羊，藉以改善生活。由於缺乏炊具，只好在宰殺後，整隻羊烤熟吃，居然別有風味。待抵達城鎮後，即按此法炮製，以烤全羊招待客人，博得一致好評。後經不斷改進，繼而發展用饢坑烤食，風味更勝。

新疆「烤全羊」的製法，大致如下：先將兩歲的羯羊宰殺，剝皮，去頭、蹄、內臟，整治乾淨，再以一端穿有鐵釘的木棍，把羊從頭至尾穿畢。接著將蛋打散，加鹽水、薑粉、孜然粉、胡椒粉、白麵粉等，調匀成糊狀，塗在羊身上，把羊頭朝下，放入饢坑中，燜烤約一小時，至全羊色呈金黃，肉熟即成。享用之時，切片蘸精鹽或椒鹽而食。

◎ 烤全羊

　　此菜以色澤黃亮、皮脆肉嫩及鮮香味美著稱，佐以燒酒或威士忌，不但可以相輔相成，而且還能相得益彰。

　　我平生僅嚐過一次內蒙古的「烤全羊」，地點是在蒙藏委員會，當「烤全羊」亮相時，眾人一致鼓掌，廚師一一臠割畢，大家分而食之，但覺不羶不膩，味亦可人，惜稍過火而乾硬耳。

▍由烤全羊演變而成整羊席

　　由「烤全羊」演變而成的「整羊席」，乃元代宮廷宴之一，蒙古語稱「秀斯」，每逢喜慶宴會或招待貴賓，才會現踪。據《青史演義》的記載：「成吉斯汗，己未年（三十八歲）帶領蒙軍行軍途中過新年，正月初一晨，滿朝文武百官拜完年，即擺上九桌『整羊席』的盛大宴會。」而後的吃法為：將蒸好或煮好的整羊放在矮桌上，主人先引刀割下羊首，貢於

成吉斯汗像前，接著請賓客自割自食。肉味極鮮，無腥羶味，附上肉湯，內有炒米，味道亦佳。待忽必烈統一海內，宮廷每屆正月初一，必設整羊席，款待臣工群僚。

元朝的「整羊席」，基本上，是以小綿羊為食材，經宰殺治淨後，割成頭、頸脊柱、帶左右三個肋、連尾的背和四隻整腿這七大塊，入大鍋內，白煮至熟。接著將其置於長方形大盤中，仍裝成整羊狀。上桌前，將羊首朝著客人方向，由廚師攞入場，請客人用「秀斯」，並以指蘸一下，以示祭祖。禮成，廚師便開始施為，「整羊席」就開動了。

但見廚師先將羊首放一邊，再用蒙古刀欒切，將其餘部位劃割成小塊狀，按原羊堆好，接著把羊首置其上，瑞至客人面前，由主人恭請貴客享用。眾客紛以餐刀割肉，蘸著佐料吃，白煮肉，或直接用手抓食，同時搭配米飯及肉包子等。壓軸的，則是羊肉湯或羊肉湯麵。食罷，「整羊席」便宣告結束。

由此觀之，蒙古人的「整羊席」和滿洲人的食白肉，有異曲同工之妙，充滿著民族特色與異地風情。不過，極為考究的「全羊席」，亦從清初正式成形，至同治、光緒年間仍盛，誠為中國的飲食另樹一幟。發揚光大者，雖為回教徒，但宋代已宛然成形。

宋朝人特愛食羊，平日供應相關的食品不少數，也有專門的羊肉店，光在〈清明上河圖〉可看到的菜點，就讓人大開眼界，計有「蒸軟羊」、「酒蒸羊」、「乳炊羊」等二十六種，蔚成一股食風。元人亦重食羊，太醫忽思慧所撰的《飲膳正要》中，羊菜細數不盡，可以自成格局。漢、滿、蒙、回等族在如此深厚的基礎下，發展出一套套的「全羊席」，也就不足為奇了。

若論吃羊肉的極致，當以袁枚在《隨園食單》內所云的「全羊」為最，其法共有七十二種。他稱此乃「屠龍之技，家廚難學」，須「雖全是羊肉，而味各不同才好」，同時「一盤一碗」，但「可吃者，不過十八、九種而已」。可見他老人家對此一技高難學而無所用以「全羊席」，並不十分認同。純就此點而言，我則持保留態度，有些不以為然。

關於「全羊席」，其最早的記載，乃元代《居家必用事類全集》中的「筵席上燒肉事」菜單。其逐漸成形，當在清乾隆年間，或更早一點。它多見於中國北方地區，以回族、蒙古族、漢族、滿族製作的歷史較早，不僅規模宏大，菜品眾多，而且風味各殊，具有濃郁的民族特色。

一般而言，以整羊為食材所製成的「全羊席」，在將整羊分解後，除毛、角、齒、蹄甲不能用外，其餘分別取料，添加適合配料，運用各種烹法，製成各色菜餚，組成各種款式的全羊筵席。目前記載「全羊席」的書籍，以宋少山珍藏的《全羊大菜》手抄本、王自忠的《清真全羊菜譜》及張次溪所藏的《全羊譜》最為知名。後者尤其少見，號稱「海內孤本」，由王仁興、張叔文校釋，我有幸在香港得之，視若拱璧，常置案右瀏覽，體會「屠龍之技」。

由於地區不同，「全羊席」的格局，出現一些差異。滿族製作的「全羊席」、常用一百零八菜品，分成三個組，每組三十六道菜。這三十六道菜中，又由六冷菜、六大件、二十四個熱炒菜所組成，燦然大備，最為可觀。蒙古族的「全羊席」，則是分別取料烹煮後，再回復其原狀，拼擺成整羊形，只是古法今用，象徵完美吉利。漢族的「全羊席」，多以四四編組來排列菜點。大體上，分成四平碟、四整鮮、四蜜堆、四素碟、四葷盤、羊頭菜（五組，二十種並帶點心）、各種羊肉菜（計十二組、五十八

◎ 全羊席

種）、八大碗、炸羊尾四碟、四色燒餅、四麵食、四小菜及四色泡菜等，五彩繽紛，種類繁多，型式固定，徒亂人意。至於回族的「全羊席」，當以《全羊譜》為藍本，菜名新奇，細致考究，實在精采，其菜共七十六種，另載有〈家常十樣〉備考，不光食大餐，也吃家常菜，實用性甚高。

《清稗類鈔》內載有〈全羊席〉一則，云：「清江庵人善治羊，如設盛筵，可以羊之全體為之。蒸之，烹之，炮之，炒之，爆之，灼之，燻之，炸之。湯也，羹也，膏也，甜也，鹹也，辣也，椒鹽也。所盛之器，或以碗，或以盤，或以碟，無往而不見為羊也。多至七、八十品，品各異味。號稱一百有八品者，張大之辭也。中有純以雞、鴨為者。即非回教中人，亦優為之，謂之曰『全羊席』。同、光間有之。」看來其所記者，為滿人所製作的「全羊席」，味出多元，器則多樣，變化雖甚多，未必全中吃。

該文另指出：「甘肅蘭州之宴會，為費至鉅，一燒烤席須百餘金，一燕菜席須八十餘金，一魚翅席須四十餘金。等而下之，為海參席，亦須銀十二兩，已不經見。居人通常所用者，曰『全羊席』。蓋羊值殊廉，出二、三金，可買一頭。儘此羊而宰之，製為肴饌，碟與大小之碗，皆可充實，專味也。」顯然「全羊席」在蘭州當地，是上不了檯面的，價格平民

化，味道也特別，似不必花大錢去吃高檔食材，只要自家快樂，吃個「全羊席」，也夠受用了。

民國以來，最有名的「全羊席」，應爲二十世紀四〇年代時，天津「鴻賓樓」名廚宋少山所製作的一百零二款清眞菜色的「全羊席」，一時傳爲美談。然而，烹製此一屠龍絕活，既費時費力，且耗資鉅大，不適合餐館的日常經營。於是「鴻賓樓」的廚師們，將此席融會後，精心提煉出菁華版的「全羊大菜」，現已成爲清眞風味中的代表性美饌。

「全羊大菜」以羊的脊髓、肚仁、腰子、耳朵、腦子、蹄鬚[1]、舌頭、眼睛等爲食材，用煨、爁、炸、爆、烹、白扒、紅扒和獨[2]等技法製成。其特點爲在一組攢盤中，即可嚐到「全羊席」的精華[3]，八種食材，不同做法，鮮美醇香，有「味道各異，諸般美饌」之譽。誠閣下赴天津時，不應錯過的一道獨特大菜。如再品個「全羊湯」，那就更不虛此行了。

「全羊湯」是一款用十餘種羊雜碎調以高湯、調味料等製成的天津小吃。其在製作時，先將羊肚、羊葫蘆、羊百頁、羊肝、羊心、羊肺、羊肥腸等煮熟，切成條狀；接著把煮熟的羊眼、羊腦、羊蹄筋等，切成薄片，再將已熟的羊脊髓切段。鍋置旺火上，注入花生油，燒到八分熟時，放進蔥、薑絲炸香，隨即下主料（羊脊髓、羊腦、羊眼除外），略煸炒，烹料酒，添高湯煮滾，再下羊脊髓、羊腦和羊眼。待鍋沸後，灑鹽，調好口味，盛入碗中供食。

---

[1] 一名虎眼，乃羊蹄上兩個比黃豆稍大的白色圓粒。
[2] 即燜、燴。
[3] 計有「獨脊髓」、「炸蹄肚仁」、「單爆腰」、「烹千里風」、「炸羊腦」、「白扒蹄鬚」、「紅扒羊舌」及「獨羊眼」等。

食前可撒胡椒粉，湯面放點香菜，最宜搭配芝麻燒餅享用。湯濃料足，餅香而脆，確為小吃的上上品。

而今在台灣，想吃蒙古式或新疆式的「烤全羊」，可謂戛乎其難。若想食琳瑯滿目的「全羊席」，恐怕也是天方夜譚，幸好賣羊饌的「阿土」，有好幾只羊菜，倒是值得一品。店家位於新店市建國路，老闆陳金土，乃金門人氏，擅燒羊肉爐，且其燒、炙、煮、爆等技法，皆有獨到可觀之處，是以我一吃即成主顧，每年必報到個好幾回。

其「藥膳羊小排」、「香酥小羔羊排」、「藥膳羊肉火鍋」、「紅燒羊肉爐」、「三杯土羊肉」、「爆炒羊里脊」、「羊腳筋」、「紅燒羊肉丸」等，並臻妙絕，食之餘味不盡。每屆秋冬時節，我必欣然前往，以白乾或威士忌佐之，那股快樂勁兒，雖南面王不易也。

夜半最思燒羊內

　　夜半腹饑，輾轉難眠，應是人生的苦事之一。這時候，如有一頓好味，可以一覺睡到天明，肯定是美事一樁。由此看來，能九合諸侯、一匡天下，貴為春秋五霸之首的齊桓公，何其有幸！只要他夜半不嗛（即肚子餓），他那被後世尊為「廚神」的廚子易牙，就會使出渾身解數，「煎熬燔炙，和調五味而進之」，讓他食之而飽，才心滿意足地睡上一覺，「至旦不覺」。然而，即使貴為天子，也不見得個個有此福份。其最明顯的例子，就是「恭儉仁恕，出於天性」的宋仁宗了。

　　據魏泰《東軒筆錄》的記載：「仁宗一日晨興，語近臣曰：『昨夜因不寐而甚饑，思食燒羊。』近臣曰：『何不降旨取索？』仁宗曰：『比聞禁內每有取索，外間遂以為制，誠恐自此逐夜宰殺，則害物多矣。』」他為了「恐膳夫自此戕賊物命，以備不時之需」（見《宋史‧仁宗本紀》），寧可自家肚子餓，也不肯破例吃個消夜，尤其是自己愛吃的燒羊肉，怕從此成為慣例。這種仁民愛物的精神，確實令人佩服，難怪正史會記上一筆。

宋人最愛食羊肉

以「天性仁孝寬裕，喜慍不形於色」著稱的宋仁宗，本名趙禎。《宋史》對他的評價極高，指出：「《傳》曰：『爲人君，止於仁。』帝誠無愧焉！」不過，當他在位期間，宮中食羊數量驚人，以致一日宰殺二百八十隻，一年需用十餘萬隻，這些羊多數是從陝西等外地運送至汴京。仁宗駕崩後，爲他舉辦喪事，竟將京師的存羊殺盡，可見他如不稍加裁抑，殺羊之數必更可觀。只是宋人何以特別嗜食羊肉？倒亦有跡可尋，不全爲無的放矢。

原來豬肉在飲食上的地位，自魏晉南北朝之後，不僅大不如前，反而直線下降，上至天子，下到公卿百姓，無不以吃羊肉爲貴，推敲其中原因，應與當時的本草學者對其沒有好評有關。

例如《名醫別錄》記載著：「凡豬肉能閉血脈，弱筋骨，虛人肌，不可久食。」唐代的神醫孫思邈亦認爲：「豬肉久食，令人少子精；發宿疾，豚（即小豬）肉久食，令人片遍體筋肉碎痛乏氣。」另，講究以獸肉作補的韓懋則說：「凡肉有補，惟豬肉無補。」且一代宗師陶宏景亦云：「豬爲用最多，惟肉不可多食。」其中，又以撰寫《食療本草》的孟詵所持的看法，最具殺傷力，表示：「久食殺藥，動風發疾。」正因他們一連串的批評，於是到了宋代，不論宮廷民間，對豬全無好感。以致「御廚不登彘（豬的別稱）肉」（見《後山談叢》），「黃州好豬肉，價賤如糞土」（見周紫芝《竹坡詩話》）。另，根據統計，宋神宗十年（公元一〇七七年），御廚共支用羊肉十多萬公斤，豬肉僅用兩千多公斤，比率約爲十比一，足見兩者落差極大，比例懸殊。

其實宋人愛羊，早在徐鉉受宋太祖之命，重加刊訂《說文》，中有「羊大爲美」之語，即見端倪。在時勢所趨下，皇上賜宴以羊肉爲大菜，臣下進筵給皇上，自然也是如此。羊肉成爲官場主菜，即使宰官的俸祿中，亦有「食料羊」一項，算是特加的賜物[1]。尤奇的是，御廚每年都承辦賞賜群臣燒羊的事務，尤爲宋朝所僅有。準此以觀，在尙書省所屬的膳部，其下設「牛羊司」，掌管飼養羔羊等，以備御膳之用，也就理所當然了。

羊肉在北宋的肉食中，固然占有舉足輕重的地位，到了南宋時期，由於北宋宰相呂大防曾上奏哲宗道：「飲食不貴異味，御廚止用羊肉，此皆祖宗家法所以致太平者。」（見《續通鑑長編》），故其歷朝皇帝，篤守著祖宗家法，仍以食羊肉爲主，首都臨安的食羊，多來自兩浙等地，由船隻裝運到都中，以備各方之用。

至於宋仁宗夜半思食的燒羊，其原始之面貌，解讀卻有不同。照袁枚在《隨園食單·雜牲單》「燒羊肉」一節的看法，乃「羊肉切大塊，重五、七斤者，鐵叉火上燒之」，因「味果甘脆」，故「惹宋仁宗夜半之思也」。顯然認爲是切成大塊肉又烤。今人周三金編撰的《中國歷代御膳大觀》則異於是，認爲北京羊肉床子所賣的燒羊肉，才是其正韻。如純就菜名觀之，自當以後者爲是。

---

[1] 相當於後世之配給。

北京羊肉最有名

北京的羊肉夙負盛名，所謂「名聞全國，無半點腥膻氣也」，並未言過其實。《都門雜咏》云：「喂羊肥嫩數京中。」更直指舊時中國的羊肉，要數北京所喂的肥羊最好。

基本上，北京當地亦養羊，惟數量不多，總的來說，全是外來的。其來路有三條：第一條從西口外，即居庸關、張家口之外的蒙古草原，以張家口為集散地；第二條由東口外，即古北口之外，以承德為集中地；第三條則從太行山脈來的，以易州、保定為集散地。公認以西口外的大肥綿羊品質最優。

那時的羊肉販子，將成群的大肥羊趕到北京郊區圈起來，並不馬上宰殺上市，先要餵養個四、五十天到兩個月。一說西口外來的大肥羊，一定要吃上幾十天北京的草料和水，肉才不會羶，這當然是說說而已，其主要的目的，絕對是把風塵僕僕、久經風霜的羊兒養肥，才能賣個好價錢。

老北京一年四季都有羊肉賣，但以舊曆六月六日為分界點。這天人們照例買羊肉吃，亦從此日起，燒羊肉開始供應。俟金風送爽時，羊肉大量上市。東西南北各城，凡有豬肉杠的所在，必定也有羊肉床子。而羊肉的生意，往往較豬肉好得多。《舊都文物略》所記的：「飲食習慣，以羊為主，豕助之，魚又次焉。」正是實情。據老文學家鄧雲鄉回憶說：「我家住在北京西城時，記得由甘石橋到西單，大街兩旁羊肉床子，有四、五家之多，總多於豬肉舖，其中有一家，店名叫『中山玉』，多年來一直不忘這個高雅的店名。」

已故的文學大家梁實秋曾撰文指出：北京「夏天各處羊肉床子所賣的

燒羊肉，才是一般市民所常享受的美味。」這種羊肉床子，就是屠宰專售羊肉的清眞店舖，內外皆保持清潔，刷洗得一塵不染。一到「六月六，鮮羊肉」的時節，便於午後賣燒羊肉。其做法爲：「大塊五花羊肉入鍋煮熟，撈出來，俟稍乾，入油鍋炸，炸到外表焦黃，再入大鍋加料、加醬油燜煮，煮到呈焦黑色，取出切條。」

而這樣的羊肉，其妙在「外焦裡嫩，走油不膩」。且買燒羊肉時，要記得帶碗，因爲店舖會給顧客一碗湯，其味濃厚無比，自家再拉個麵，以此湯澆著吃，可謂鮮到極點。這時正逢新蒜上市，也是黃瓜旺季。取此二者佐這碗燒羊肉麵吃，簡直「美不可言」。

其實，在京中所有的燒羊肉床子中，其名氣最響的，莫如老字號的「洪橋王」和「東廣順」（一名「白魁老號」）這兩家。

洪橋王：據說前者燒羊肉的老湯，歷史最悠久。其後院有個地窖人家，每年一遇燒羊肉的季節結束，必一年滾一年，將保存的老湯下窖，故能歷久常新，滋味獨絕。已故飲食大家唐魯孫憶及往事，謂其院內「有一棵多年的花椒樹」，當「金風薦爽，玉露尚未生涼，燒羊肉一上市，恰好正是椒芽壯苗，嫩蕊欣欣的時候」，凡是來買燒羊肉帶湯的，一定用花椒蕊就羊肉湯下雜麵（豌豆細麵），吃得不亦樂乎。

唐老又言，抗戰勝利後第二年，他回老家北平（即北京），正好趕上燒羊肉剛剛上市，便興沖沖的光顧「洪橋王」，但見「內櫃陳設佈置，仍然老樣，絲毫未改」，而且盛放燒羊肉的大銅盤，「仍舊是擦得晶光雪亮，羊腱子、羊蹄兒、羊臉子，紅燉燉、油汪汪、香噴噴、熱騰騰，堆得溜尖兒一大盤子」，便大快朵頤，吃了一頓「非常落胃的燒羊肉和花椒蕊羊肉

湯下雜麵」。然而，好景不常，因「羽書火急，又匆匆出關」，以後「連再吃一頓的口福，都沒有了」，言下不勝唏噓。

　　白魁老號（東廣順）：後者開業於清乾隆四十五年（公元一七八〇年），至今已超過兩百年。它起初是家「羊肉舖」，開在景福寺對面，除了平日賣生肉外，在廟會時會兼賣熟貨，生意十分紅火。後來掌櫃的白魁，覺得熟貨盈利更多，索性專賣燒羊肉、羊雜碎和羊肉麵。由於所燒製的燒羊肉工精料實、質佳味美、風味獨特，且「例於立春後『下鍋』，在各羊肉舖中為最早」，人又善於經營，服務周到熱情，遂在眾多的同行中脫穎而出，進而獨樹一幟。久而久之，人們一說到要買燒羊肉，無不指名要「白魁」的。若干年後，白魁因故得罪了某王府老爺，發配新疆充軍。小飯館頂讓給廚師景福。此時民眾提到燒羊肉，仍強調「要白魁老號的」，漸漸地，景家便以「白魁清真館」當字號，但習慣上，老北京仍稱「白魁老號」。

　　「白魁老號」最有名的燒羊肉，之所以會與眾不同、「獨領風騷」，自有其獨創秘方和功夫。其在選材上，必用體重三、四十公斤的三至六歲內蒙古黑頭白身的肥嫩羯羊，宰殺之後，整治肥嫩部位（包含腰窩方子、排叉和脖子肉、頭、腱子、尾巴、拐子、蹄子、肚、肥腸、肝、肺、心、脾等）。接著用乾隆時代的兩口雙底大鍋燒羊，一口大鍋可煮肉一百五十斤左右。

　　而在燒羊肉時，第一步為吊湯。平均六十斤肉用水一百斤。俟水入鍋後，下高黃醬，以旺火煮，於水將沸時，撇去浮沫、渣滓，熬個二十分鐘成醬湯，再用細布袋濾入盆內待用。第二步是下肉，一塊一塊下鍋，湯開

◎ 白魁老號最有名的燒羊肉，在選材上，必用體重三、四十公斤的三至六歲內蒙古黑頭白身的肥嫩羯羊，宰殺之後，整治肥嫩部位

一次置一塊，每煮半小時翻一次肉，入廣料、口蘑、花椒、冰糖、大蔥、生薑和甘草等，此即「緊肉」。第三步將緊好的肉撈出，以碎骨墊鍋底，撒上一半調料（桂皮、肉桂、丁香、砂仁、草果、陳皮、花椒、小茴香、甘草），按老肉在下、嫩肉在上逐塊碼好，接下來碼羊頭、蹄、尾、肚、肺、腸等，待碼好後，再撒入另一半調料，蓋上竹板，壓上一盆水。鍋內放鹽，用旺火燉兩小時。燉時，每滾一次，放一勺醬湯。最後一步爲煨燒，先以旺火燉上二小時，再用微火煨個二小時，然後起鍋晾涼。臨吃之際，入油鍋炸，將肉兩面炸焦即成。隨炸隨吃，風味極佳，但羊頭和蹄則不需要炸。如果整個上席，即爲燒全羊，食罷每令人拍案叫絕。

　　此一精製而成的燒羊肉，其特點乃外焦裡嫩、香酥不膩、味厚不羶，其味之美，遠近馳名。道光年間詩人楊靜亭的《都門雜咏》絕句，描繪傳神，寫道：「喂羊肥嫩數京中，醬用清湯色煮紅，日午燒來焦且爛，喜無膻味膩喉嚨。」不過，內行人吃燒全羊，肉一定要搭些雜碎調味，在吃雜碎時，亦有門道，如食耳朵要吃脆骨，食羊眼要吃湯心等，即是。若不諳此要領，每會貽笑方家。

羊肉抻麵：「白魁清眞館」後由景家經營了四代，論其燒羊肉之佳，堪稱京中第一，但其另一項特產「羊肉抻（即拉、搣）麵」，也是有口皆碑，人們趨之若鶩，只爲一膏饞吻，而且百吃不厭。

　　相傳清朝時，每年農曆二月初二「龍抬頭」這天，舊京風俗要吃麵條。而隆福寺的廟會，乃東城最熱鬧所在，於是不少人得空趁便來「白魁」，就爲吃碗羊肉抻麵。這是種過橋吃渣，即店家送來一小碗帶湯燒羊肉和一中碗手工抻麵，食客再將燒羊肉和絳紅色的原湯一起倒在麵裡，羊肉細嫩、肥爛、香濃，麵條則滑潤、利口、筋道，讓人愛不釋口，且這一天，就連宮中也會差太監來此，用八個紅捧盒取走剛出鍋的燒羊肉。

　　隆盛館（竈溫）：「白魁」的抻麵固佳，但與其相鄰的「隆盛館」，歷史更早，所抻之麵尤棒。據史料云：「（隆福寺）對門有飯館一座，名『隆盛館』，俗呼『竈溫』，鋪掌溫姓，晉人。肆創於清聖祖（康熙）時，初只有竈，代客炒菜，故名『竈溫』，所謂『炒來菜』者是也。」舊京當時盛傳一首讚美「竈溫」的竹枝詞，云：「可是成都犢牛褌，過門時復駐高軒。伯鸞風慨何人省？二百年來愛竈溫。」作者並自註道：「東城福隆寺對門，有飲肆署曰『竈溫』。相傳，康熙中葉有爇竈於此，鄰右售酒。炙者，恆就取暖，因而得名。今日善製麵稱。」

　　「竈溫」的抻麵中，以「一窩絲」[2]最負盛名。於是刁嘴的食客，便用「白魁」的燒羊肉加湯，搭配著其一窩絲吃，日子久了，反成流行吃法。由是兩者結合，成爲不解之緣，可謂相得益彰。

　　唐魯孫總結兩家燒羊肉配麵的吃法，謂：「地道北平人有個習氣，燒

---

[2] 八扣的拉麵，一般的拉麵爲六扣

羊肉湯買『白魁』的，一定是下抻條麵；買洪橋王的，一定是下雜麵。南方人說北平人吃東西都愛『擺譜兒』，就是指這些事情說的。」且不說是否擺譜，要這樣的考究，才是飲食的精髓所在，也是飲食文化的眞諦與奧妙處。如果只是囫圇一飽，根本談不上所謂吃的文化了。

鍋燒羊肉

當下要吃好的燒羊肉，還是得去北京，畢竟，自己動手做的，終究遜了一籌。梁實秋生前曾和一位旗籍朋友聊天，一談起燒羊肉，「惹得他眉飛色舞，涎流三尺」。並說：「此地（台灣）既有羊肉，雖說品質甚差，然而何妨一試？」隔沒多少天，找梁老去嚐。「果然有七、八分神似，慰情聊勝於無，相與拊掌大笑。」我不知他的燒法爲何，權在此提供一道清眞名菜「鍋燒羊肉」的做法，它以羊胸肉爲主食材，經裹糊、炸製、改刀而成，是燒羊肉演化而來的現代版本，可充家常菜餚。諸君如有興趣，不妨依式製作。

鍋燒羊肉的製作要領爲：將羊肉切成大方塊，蔥切長段，生薑切片。置羊肉塊於開水中，煮至不見血水爲止。接著撈出，撒上精鹽揉搓，放在容器內，以蔥、薑、花椒、八角、桂皮、丁香等調料醃約一小時後，澆上料酒，再放入籠中，用旺火蒸爛，取出瀝去汁，撿去調味料，將羊肉用刀改成兩層。然後以雞蛋加溼澱粉，調和成稠糊。並把羊肉的兩面，均裹上蛋糊，下入燒至七、八分熟的油鍋中，炸到起泡且表面黃脆時撈出，改成條形，擺入盤內，撒上花椒鹽即成。其特點爲表皮酥脆、肉爛味美、清香不膩，乃佐餐、下飯的佳品。不拘任何時節，都可欣然享用。

老實說，在各式各樣的食材中，折耗最嚴重者，首推羊肉。故諺語云：「羊幾貫，帳難算，生折對半熟時半，百斤只剩二十餘斤，縮到後來只一段。」意即一隻百斤重的羊，宰殺解割後，只剩五十斤，煮熟後則不到二十斤，的確所剩無幾。不過，羊肉的損耗雖多，卻也最能飽人，因為羊肉吃到肚裡容易發脹，是以陝西人日食一餐，仍不覺得肚子餓，即為食羊肉之故。一代食家李漁在《閒情偶寄·飲饌部》就指出：「生羊易消，人則知之；熟羊易長，人則未之知也。羊肉之為物，最能飽人，初食不飽，食後漸覺其飽，此易長之驗也。」因此他告戒人們說：「補人者羊，害人者亦羊。凡食羊肉者，當留腹中餘地，以俟其長。」如果不稍加節制，一下子吃得太多，「飯後必有脹而欲裂之形」，導致傷脾壞腹，嚴重影響健康。

總之，宋仁宗夜半肚饑而難成眠，但他怕御廚從此多殺生，只為滿足他的不時之需，從而成為定制，以致忍住不食燒羊肉，千古傳為美談。也幸好他發揮愛心，寧願自己腹饑，沒有大吃羊肉，造成身體負擔，好心終有好報，不但成就「仁宗」之名，進而「君臣上下，惻怛之心，忠厚之政，有以培壅宋三百年之基」。

我比較好奇的是，如果時空轉換，讓他得以嚐到「洪橋王」和「白魁清眞館」的燒羊肉，這位仁君在夜半饑腸轆轆時，是否也熬得住，絕不「降旨取索」此一尤物呢？

美味馬肉面面觀

　　中國人的造字很有意思。三個魚是鮮字，三個羊是羴字，三個牛是奔字，三個鹿是粗字，只可意會，不能言傳。那麼三個馬是啥？可就沒有這個字啦！日本人則在命名上頗具巧思，由於江戶時代殺生是犯戒律的，因此食用各種肉類時，都得使用隱語，大夥心照不宣。比方說，豬肉之色澤如牡丹般的淡白雅緻，故稱「牡丹」；鹿肉之色澤像煞楓葉般的艷紅，故名「楓葉」；至於白裡透紅的馬肉，則稱之為「櫻花」。所以諸君到日本料理店點菜時，見到「櫻鍋」字樣，千萬別以為是鍋裡放了櫻花，它可是如假包換、食味萬千的馬肉火鍋哩！

　　猶記得小時候，曾聽家父提起，「馬肉的味道是酸的，如非必要，人們不食」，這話我一直信以為真，直到有一次在台北的「吉田日本料理」吃馬肉刺身後，才發覺不盡然如此。原來馬肉之所以發酸，是因為牠們在長期、大強度用役時，肌肉中積聚了過量乳酸所致。其實，小馬肉非但不酸，而且帶有甜味，吃起來很爽口。不過，就如同羊肉有羊羶氣、魚肉有魚腥味一樣，馬肉亦有其獨特氣味，幸好味道不重（指肉馬），故在烹調時，只要加點陳皮、豆蔻或砂仁等，即能徹底除去，變得清香可口，只要送進嘴裡，每每欲罷不能。

◎ 白裡透紅的「櫻花」馬肉

　　依照食材種類區分，馬屬哺乳綱、奇蹄目、馬科動物，乃畜禽烹飪食材之一，大體可分成挽用、騎乘（兼馱）和專供食用的肉（乳）用三型。目前中國的馬，主要分布於東北、西北和西南地區。如據一九八七年聯合國糧食和農業組織所公布的數字，中國所飼養的馬，多達一千一百萬匹，居世界首位。只是其中大多數供作役用。現則為因應全球的「食馬熱」，遂致力於肉馬飼養業之發展，出口數量大增。光是「大連食品公司官馬場」，其專為日本所提供的專業肥育生食馬肉，近幾年來，即達萬匹之數。

▌食用馬肉的歷史

　　中國人吃馬的歷史極久。據考古的發掘，早在新石器仰韶文化時期，已發現了食馬的遺存。及至先秦時，馬與牛、羊、豬、雞、犬等，同樣被列為六畜之一，《東觀漢記》且有「馬醢」（即馬肉醬）的記載。而成書於北魏的《齊民要術》，更提及用馬作辟肉之法。從此之後，關於吃馬的記述全是糧盡援絕之際，不得已才殺戰馬而食之。至此，其供作活命的需求，顯已超過了滿足口腹之慾。

在西歐人士中，法國人老早就愛吃馬肉了，爲了滿足需要，以往是由波蘭用船將活馬運來，現則從美國和加拿大等國，進口以冰凍及眞空包裝的馬肉。據統計，嗜食馬肉的比利時人，每年至少可吃掉三萬噸。惟近年來，一方面由於家禽及魚類產品不斷增長，獸肉銷售量銳減；另方面則因當地電視和廣告中，持續進行保護馬的宣傳。儘管法國一些知名的營養專家大力宣傳，並提倡多食馬肉的好處，但人們先入爲主，逐漸興趣缺缺。流風所及，比京布魯塞爾過去一向猛吃馬肉的某校師生們，現在居然禁食馬肉，影響不可不謂深遠。

然而，日本人對馬肉依然嗜食如故，熊本市人更是瘋狂，不但街上的馬肉館隨處可見，而且已到了「無馬肉不成席」的地步，馬肉刺身特別搶手，最名貴的是年齡二至三歲小馬的背部，其次爲里脊肉，更因一匹小馬的背部肉，只有二千克左右能作刺身，故日本自己所飼養的肉馬，早就不敷所需，每年還得從中國和阿根廷等地大量進口。

熊本的馬肉刺身，其味美到了何種程度，我曾見過一則筆記，上面提到：有人到該地出遊，意外參加那裡的宴會，看到席上有一盤生的「櫻花肉」，但見白色的脂肪鑲嵌於瘦肉中，紅白層次分明，宛如初綻的櫻花。這位客人膽子不小，曾吃過河豚的生魚片，主人便請他試味。客人自然樂於品嚐，夾了其中一片，在小碟的醬油內略蘸，再抹上些芥末，馬上送進嘴裡，頓覺鮮嫩可口，美味無窮。認爲牠的滋味不僅在金槍魚（即黑鮪、本鮪）之上，且嫩度更勝於上等和牛。

在此需聲明的是，馬肉的纖維較粗，結構不似牛肉緊密，但其肌間含有糖分，吃口回甜，亦因而易孳生致病的微生物，故生食不應鼓勵。已退役的老馬，則因肌間積聚較多的乳酸，酸味較重。所以，烹製老馬肉時，

◎ 馬肉刺身如初綻的櫻花，
　美味無窮

不宜生炒生爆，適合長時間加熱的燉、煮、鹵、醬等燒法，如改用重口味的紅燒，或先行白煮後，再以燒、燴、炒、拌等方式製做，也是不錯的烹調方法，此外，以烤、熏、涮或醃、臘等方法成菜，亦頗可口。

一般而言，整治馬肉（指役馬）宜濃重口味，多用香辛料以矯其異味。而在鹵、醬時，先沸湯下鍋，以旺火緊身，製成出鍋後，待其冷縮再食用，手法及吃法極似鹵、醬牛肉。另，用馬肉製作的火腿、香腸、灌腸（或與豬肉混合灌製），風味頗佳，甚受歡迎。而今中國知名的馬肉名食中，以呼和浩特的車架刀片五香馬肉和桂林的馬肉米粉最著。後者尤其有名，是一道響遍西南的廣西風味小品。

桂林有幾樣好吃的土特產，像豆腐乳、三花酒、米粉、馬蹄（即荸薺）等均是。桂林的米粉，比起廣東的和福建的都來得粗，其妙處在清中有爽，它與廣西西部山區以負重聞名的「廣馬」，一經廚師的搭配組合，即是這味令人百吃不厭的馬肉米粉。

馬肉米粉的佐料為馬肉和馬下水（即內臟），桂林最擅燒製的名店為「又益軒」及「會仙樓」，其馬肉和馬下水均須先用鹽和硝醃過，再貯放於缸內，經過一季，即可享用。此肉鬆軟香脆，切成薄片，舖在米粉上，加入鹵汁，味道十分誘人。米粉直接在以馬骨熬成的濃湯中燙熟，隨著粉勺

撈起，帶些湯汁入碗，並且拌勻佐料，使湯味更鮮清雋美。以致當地的行話為：「吃馬肉米粉不重在吃米粉，而在吃馬肉；又不重在吃馬肉，而在吃馬肉湯」。香港飲食作家萬嘗先生曾自述他在桂林吃馬肉米粉的初體驗，寫得輕鬆有趣，讀來親切有味。指出——「坐下來面對鍋爐，伙計問我要吃多少碗，登時把我嚇得一跳，吃米粉通常一碗起兩碗止，那有一口氣先要多少碗的道理，後來發現旁邊的客人要了二十碗，自己又怎好不回話，可是又何敢造次，於是折衷的要了十二碗。焯粉的先來一碗給隔壁，放眼看去，不過是小飯碗大小，僅可容米粉一箸，上面加上了三片鮮紅熟馬肉。我以為第二碗該輪到我了，怎知又是他，下去第三碗也是他，這時我才了解，那位仁兄可能一口氣連吃下去，我於是埋下頭來搶吃面前那碗南乳（即豆腐乳，桂林所製尤佳，與三花酒、馬蹄合稱「桂林三寶」）花生，據說南乳花生是解馬肉的『毒』，究竟馬肉毒在那裡，天曉得，就當自己先吃預防劑吧！這種連珠炮式吃法倒非常有趣，只要朝口裡一扒，馬肉連米粉就吃得乾乾淨淨，焯粉的好像看清楚我的速度，配合得很，不至把我當填鴨來填，吃到一半，我覺得分量不足，還是再加十二碗。結果一共吃了二十四碗。」由此觀之，吃這馬肉米粉與吃台南的擔仔麵雷同，都是碗小量少，吃個十來碗，還不是稀鬆平常、小事一樁。

　　話說回來，即使在日本首善之地的東京，吃馬肉仍不算普遍，除了偶爾在超市中可買到馬肉刺身外，專賣馬肉的料理店也不多，據《東京食堂》一書的記載，以涉谷的「ほち賀」、日本堤的「中江」和森下的「みの家」三家最為知名，其中，「中江」的櫻肉鍋是馬肉的壽喜燒，「鍋內置有祖傳秘方的味噌配料，以細小火候烹煮、輕筷攪拌。待馬肉變色之前，即可取用食之，入口前沾潤蛋汁食用。馬肉食終之前，放入青菜與其他食

材於鍋底，熟畢即可食用，美味順口。最後留殘鍋汁、剩餘蛋汁相混後，攪拌入飯內，滑溜醇口，這正是櫻肉鍋的最後一道精華，美食的終極品嘗」。另，店中的櫻鍋，依其食材、價位可分為馬肉鍋、裏脊馬肉鍋及霜降馬肉鍋三種。依我個人的觀察，馬肉用壽喜燒的吃法，似乎較不易品出其獨特的風味，實不如刺身、涮涮鍋及鐵板燒來得討好。

「ほち賀」的櫻肉料理，創業於一百年前，起初只賣壽喜燒，現則五花八門，種類繁多。除招牌的刺身及涮涮鍋外，尚有煎馬肉排、馬肉天婦羅、串炸馬肉餅、馬肉可樂餅等花樣。其馬肉與「中江」的相同，均由北海道直接配送而來。

既談完了馬肉，也該談馬的下水（即內臟）啦！

美味的內在

據《東周列國志》上的說法，燕太子丹為了讓荊軻刺殺秦王，使出渾身解數，不惜一切代價，滿足荊軻需要。故「太子丹有馬日行千里，軻偶言馬肝味美，須臾，庖人進肝，即所殺千里馬也」。書中自然沒寫這道佳肴是怎麼燒的，照我個人的推測，當和燒製狗肝（即肝膋，音遼）之法相近。此菜在烹製時，把狗肝洗淨，再用狗網油包好，然後將包裹好的狗肝沾濕，放在炭火上烤，待烤至焦黃色即可食用。味道究竟如何？因我未曾嚐過，不想隨便亂蓋，若憑想像為之，應與淡水「梁記燒臘店」的叉烤雞肝相若，外酥脆而內軟糯，釋出陣陣香氣。惟除了戰國時期外，中國少有食馬肝的記載，其原因恐與《本草綱目》上寫的：「馬肝有大毒，……按漢景帝云：『食肉毋食馬肝。』又漢武帝云：『文成食馬肝死。』」有

關。只是不知桂林人在吃馬肉米粉時，其所配食的南乳花生，可否解馬肝之毒呢？又，「馬腸子」一味，並不完全是真正的馬腸，而是中國的哈薩克族人在入冬時，選膘肥肉嫩的母馬，宰畢剔開脊骨，使腹部的肉和肋骨連在一起，分段切好。如此，便形成中間有肉又有油、兩頭有肋骨的長肉條，用鹽略醃，把此肉條硬塞進馬腸子裡，紮緊兩端。完成之後，用煙先熏一下，以免表面發霉，放陰涼處晾乾。他們在待客時，往往先煮好一鍋手抓肉，把肉置於盤子正中，再以整條馬腸子圍繞其外，好像一堵「圍牆」。而在享用之際，先從馬腸子下刀，切開取食，挺有特色。

還有那播譽西北邊區的「馬雜碎」，絕對不是馬下水，而是青海著名的小吃，只因一位馬姓回民燒製些雜碎小吃有特色而得名。當地每到冬季，大批宰殺牛、羊，雜碎大量上市，經營雜碎小食，生意跟著興隆。它的好處是可作早餐，也可作午、晚小吃，出售時則根據顧客的需要，雜碎切碎，配上燉湯，就饃食用。由於成品軟爛湯濃，油大醇香，味鮮無異味，能解饑驅寒，故成為寒冬季節的絕妙美食。假使閣下到青海，點食馬雜碎，發覺不是馬下水，千萬別胡亂聲張，免得惹人笑話。這情形正如到成都吃夫妻肺片，竟看不見一片牛肺一樣，有其人文背景，沒什麼好大驚小怪的。

清代名醫王士雄在《隨息居飲食譜》中指出：「馬肉：辛苦冷，有毒，食杏仁或飲蘆根汁解之，其肝食之殺人。」這是對馬肉最不利的記載，事實上，並非如此。經分析比對後，馬肉營養堪稱豐富，每一百克中，約含蛋白質十九・六克，脂肪○・八克，屬高蛋白低脂肪食品；含鐵量極高，比豬肉高五到六倍，比牛羊肉高三至四倍，僅次於豬肝。加上馬的產肉量高，瘦肉比例多，肉質亦佳，實為改善中國人肉食結構的重要肉

源。由於它可以溶解膽固醇，具有擴張血管、促進血液循環、降低血壓的功效，故長期食用馬肉，應可防治動脈硬化和高血壓等症，有益人體健康。

當下中醫普遍認爲馬肉味甘酸性寒，能收除熱下氣、長筋骨、強腰脊及強志輕身之功，治筋骨攣急疼痛、腰膝酸乾無力等症。馬心可補心益智，治心昏健忘。馬肝能和血，調經，治婦人經水不調，心腹滯悶，四肢疼痛。除此而外，馬骨也是好東西，可清熱、療瘡（包括身上長瘡及小兒頭瘡），令人不睡。可見馬肉近年走紅全球，不但是形勢使然，而且自有其妙用，就連其下水、骨頭等，都有其醫療效果，斷不可輕易放過它。

塞外佳釀馬奶酒

　　梁羽生的《萍蹤俠影錄》，堪稱是他最成功的一部作品，也是新派武俠小說的經典名著之一。記得當年讀此部小說時，常看到男主角張丹楓不時地飲馬奶酒。這對深好美饌佳釀的我而言，不啻為致命的吸引力，早就想喝個痛快。後來因特殊機緣，竟在蒙藏委員會舉辦的餐會上，一次品嚐六種不同品牌的馬奶酒，內心實不勝之喜。惟自從圓過夢後，我即未曾再飲馬奶酒，一方面固然是「路遠莫致之」，另方面則是其特殊的氣味，會產生兩極化的效果，嗜飲者雖趨之若鶩，但怕喝的人，卻避之唯恐不及。由於我尚無法完全領略其妙，故至今甚少再提起興致，主動出擊。

▊「塞北三珍」馬奶酒

　　事實上，與醍醐、酥酪合稱為「塞北三珍」的馬奶酒，一向是蒙古民族的風味美食。據《蒙古秘史》上的記載，成吉思汗第十一代孫孛端察兒（一譯博騰其爾）時（約十世紀中葉），在通戈利格小河畔遊牧的一個部落，就曾釀製和飲用馬奶酒。不過，漢文文獻的記載確比此書還早上許多。即使馬奶酒何時由漠北傳入內地，現已不可考，但早在二千年前的西

漢時期，它已流行於中原地區，更因其味美甘醇，受到漢皇室的重視，積極設官管理。

例如《漢書·百官公卿表》即載明：西漢太僕寺下設家馬令一人，丞五人，尉一人，職掌釀製馬奶酒。同時又指出：「武帝太初元年（公元一〇四年），更名『家馬』爲『挏馬』。」東漢人應邵據此註釋爲：「『挏馬』曰：『主乳馬，取其汁挏治汁，味可飲，因以名官』。可見漢宮廷養馬不只是用來作戰、馱運，還飲其乳汁，且用來製酒。後人因而稱馬奶酒爲「挏馬酒」，或簡稱爲「挏酒」。

從此之後，歷代皆有設置專門管理馬乳、馬酪或釀製馬奶酒的機構，爲王室供應乳酪及酒品。像唐代太僕寺下設的典牧署、宋代太僕寺下設的乳酪院，元代太僕寺下屬的挏馬官等均是。到了明清時期，明政府更規定，每年從民間徵收來的馬匹中，必須有三十五匹是乳馬。清政府則採自食其力方式，在京郊設置挏馬群，由專人管理。由這裏即可看出，當時的帝王、貴族們，無不把馬乳及馬奶酒，視爲一種珍貴異常的飲料。

▌撞擊馬奶釀造成酒

馬奶酒的別名除挏馬酒、挏酒外，它又有湩酪、馬酪、馬酒、乳酷、七噶等別稱。如用蒙古語稱呼，乃「額速吉」或「忽思迷」，其意爲「熟馬奶子」。目前中國飲用馬奶酒的，主要有蒙古、哈薩克、柯爾克孜等遊牧民族。

關於馬奶酒的釀製方法，《漢書·禮樂志》中，李奇的註便有所說明，指出：「以馬乳爲酒，撞挏乃成也。」此挏音動，當撞擊解釋，其大

意爲撞擊馬奶，促使它加速醱酵，藉以釀製成酒。漢代以後，文獻裡的記載不少，也愈加詳備，現舉其重要者，大致敘述如下——

南宋進士彭大雅，在擔任朝請郎一職時，於宋理宗紹定六年（公元一二三四年）奉命出使蒙古，回國後即依其所見所聞，撰寫《黑韃事略》一卷，書中記述蒙古人製作馬奶酒的過程爲：「其軍糧羊和洐（音幾，指清的酒）馬。馬之初乳，日則其駒（少壯的馬）食之，夜則聚之以洐，貯以草器，傾挏數宿，微酸，如可飲，謂之馬奶子。」爲此書作疏證的同時代人徐霆，也曾出使蒙古，他以親見親聞寫道：「嘗見其日中洐馬奶矣。……洐之之法，先令駒子啜舐，乳酪來，即趕走駒子，人即用洐牛皮桶中，卻又傾入皮袋撞之，尋常人只數宿便飲。初到金帳，韃王飲以馬奶，色清而味甜，與尋常色白而濁、味酸而膻者大不同，名曰黑馬奶，益清美。問之則云，此實撞之七八日，撞之則氣清，清則不膻。」看來想要使馬奶酒好喝，只要多撞幾次就對了。

另，十三世紀時，先於馬可波羅來元帝國的傳教士盧不魯克，在歸國之後，也寫就《盧不魯克行紀》一書，書中寫著馬奶酒的釀製之法爲：「忽迷思爲蒙古人及亞洲遊牧民族習用之飲料。製造之法如下：用馬革製一有管之器，洗淨，盛新鮮馬乳於其中，微摻酸牛乳，以杖大攪之，使醱酵中止。凡來訪之賓客，入帳時必攪數下，如是製作之重（音從，指數次）渾，三四日後可飲」。

此外，清穆宗同治年間（公元一八六二年至一八七四年），曾擔任提督張曜幕僚的蕭雄，隨大軍到新疆，並一住十多年，熟悉當地風俗人情。他所見的馬奶製作過程乃「以乳盛皮袋中，手揉良久，伏於熱處，逾夜即成」。由於手揉比棒擊更簡易方便，所以，當下的北方遊牧民族，現已全

用此法。

不過，北宋末年發明以蒸餾法提取燒酒的方法一傳到大漠後，對馬奶酒的釀製過程，馬上產生了革命性的變化。明人沈節甫在《紀錄匯編‧譯語》中便云：「如中國燒酒法，得酒味極香冽。」當今一些大規模牧區，其以蒸餾法釀製馬奶酒的過程如下——

在夏季馬奶大量出產時，把馬奶或脫脂馬奶倒入容器中密封，使它自行醱酵[1]，且從第二天起，每到早晚，即各加一次原先容量的一半入容器中，並隨即攪拌均勻，再密封好。如此經過五天便會產生泡沫，表示醱酵成熟。及時將它倒進蒸餾鍋進行蒸餾。蒸鍋上置一大木桶，桶內上端吊掛一承接馬奶酒的容器，木桶上另放置一口大鐵鍋，鍋中注滿冷水（必須經常換冷水）。用乾的牛、馬糞為燃料，在灶裏升火，以慢火煮沸，務使酒精等成分隨著水蒸汽一併蒸發，上升至鍋底，遇冷即凝結成酒液，慢慢滴入吊掛的容器裡，即成馬奶酒。

基本上，用這種方法釀製的馬奶酒，「酒味極香」，含酒精度較高，比起傳統其「味極薄」、「千鍾不醉人」的古法來，尤讓人「飲少輒醉」。

蒙古人視馬奶酒為聖潔之物，自古以來，凡遇隆重的祭典或盛大的節日，都少不得它。比方說，《元史‧祭祀三》即記載著：「其祖宗祭享之禮，割牲、奠馬湩，以蒙古巫祝致辭，蓋國俗也。」且「凡大祭祀，尤貴馬湩。將有事，敕太僕寺挏馬官，奉尚飲者革囊盛送焉。」由此觀之，用馬奶酒奠祭祖先神靈及令挏馬官替參加祭祀的大臣斟上馬奶酒，足見它的地位，絕對非比等閒。而此一禮俗在今日的蒙古人民共和國仍然保存。據

---

[1] 此溫度不得超過攝氏二十五度以上，否則容易酸敗。

◎ 今蒙古、哈薩克等遊牧民族，
每屆盛產馬奶的夏、秋季節，
牧民無不自釀馬奶酒

路透社烏蘭巴托電：一九九〇年九月四日，彭‧奧其爾巴特在就任蒙古第
一任總統的宣誓會上，他身著蒙古武士服，舉杯飲盡馬奶酒，即宣布保證
迅速進行自由市場改革。而今中國的一些牧區，至今尚傳承舉辦「馬奶
節」的習俗。

▌貴客臨門的款待美飲

　　而今蒙古、哈薩克等遊牧民族，依舊把馬奶酒當作甘美的飲料，每屆
盛產馬奶的夏、秋季節，牧民無不自釀馬奶酒，凡是貴客臨門，必定用此
款待。好飲此酒的人，對它推崇備至，像元人許有壬的〈馬酒〉詩即云：
「味似融甘露，香凝釀醴泉，新醅撞湩白，絕品挹清元。……」另，馬可
波羅亦對馬奶酒評價甚高，在其《遊記》裡亦說：「韃靼人飲酸馬乳，其
色類白葡萄酒，而其味佳，其名曰忽迷思。」

　　清代名醫王士雄對馬乳的評價極高，稱其「甘涼，功同牛乳，而性涼
不膩，故補血潤燥之外，善清膽、胃之熱，療咽喉、口齒諸病，利頭、
目，主消渴，專治青腿、牙疳」，而且「白馬者尤勝」。又，《泉州本草》
一書亦謂：「馬乳治骨蒸、勞熱、消瘦。」可見多飲馬乳，必對身體有

益。那麼以馬奶釀成的馬奶酒，其營養價值及療效又是如何呢？

事實上，馬奶酒含有豐富的維他命C，除供作飲料外，亦可兼作藥用。《盧不魯克行記》上說：「忽思迷可以久存，相傳其性滋補，且能治療疾病……。」說了等於沒說，還是蕭雄在《西疆雜述詩》裡講得好，明確指出：馬奶酒「其性溫補，久飲不間，能返少顏。」至少也能常保青春。現代醫學業已證明，馬奶酒具有驅寒、活血、舒筋、補腎、消食、健胃等功效。除以上所述外，蒙古大夫常用它治療腰腿痛、胃痛、肺結核、支氣管炎和壞血病等症，據說療效顯著，適合經常飲用。

盧不魯克顯然和我一樣，不全然能受用馬奶酒。儘管它的味道，「不盡為人所喜」，但不試怎知好惡？在此奉勸諸君，一旦有機會喝，千萬不要輕棄。畢竟，它除了可能對味之外，對身體健康及養顏美容都有一定助益，錯過才真可惜。

豬事大吉全豬篇

「百菜還是白菜好；諸肉還是豬肉香」，這是成都百年老店「盤餐市餐廳」的鎮店名聯，也是深得我心的一副對子。因為蕭崇陽先生所撰的此聯，一語道破中國是個愛吃豬肉的民族，只要逢年過節、親朋相聚、婚喪嫁娶、擺酒設宴等，全離不開豬肉。難怪袁枚在《隨園食單・特牲單》指出：「豬用最多，可稱『廣大教主』。」整個單元，都在講牠。

中國養豬的歷史極久。據考古發現，約在公元前六千至五千年前的河北武安磁山和河南新鄭裴李崗兩個遺址，均出土豬的遺骸，是截至目前為止，北方已知最早的家畜遺存址；南方則以廣西桂林甑皮岩和浙江餘姚河姆渡遺址所發現的最早，應在公元前五千年以前。又，至遲到商代初期，中原已培育出特徵穩定的家豬品種。另據先秦文獻記載，豬已列為五畜或六畜、六牲之一，常用作祭品，與羊並稱為「少牢」，足見當時，豬已成為經常食用的肉食之一，其整隻煮食的名饌有炮豕（燒豬肉），為周天子的「八珍」之一，濡豕（整煮小豬）、蒸豕（蒸小豬）等，無不滋鮮味美。

當今全球豬的品種眾多，約有三百來種，其中，中國即占三分之一，是世界上豬種資源最豐富的國家。關於其特徵，有人在歸納後以為：「豬天下畜之，而各有不同。生青、袞、徐、淮（今山東、蘇北境內）者耳

◎ 刻有豬紋的陶缸

◎ 殺豬磚畫

大；生燕、冀（今河北境內）者皮厚；生梁、雍（今陝西、甘肅境內）者足短；生遼東者頭白；生豫州（今河南境內）者味短；生江南者耳小，生嶺南者白而極肥。」此論泛泛，研究尚待深入。

▌全豬考驗大吃家本色

　　一談到豬的滋味，清人童岳薦的《調鼎集》就明確多了，指證歷歷。他說：「豬肉以本鄉[1]出者最佳。平日所餵米飯，名曰圈豬，易爛而味又美。次之泰興（位於長江北岸江蘇省境內，今屬揚州市，邑產皮薄肉白的小冬豬，為江蘇的名種豬）豬，餵養豆餅，易爛而有味。又次江南豬，日所餵豆餅並飯，煮之雖易爛，卻無甚好味。不堪用者楊河豬，名曰西豬，出桃源縣（位於湖南省西北部沅江下游），糟坊所餵酒糟，肉硬、皮厚、無油而腥，煨之不爛，無味，其腸雜等有穢氣，流濯不能去。凡酒坊、羅磨坊養者皆如此。更不堪者湖豬，亦名西豬，出山東。平日所吃草根，至

---

[1] 童為安徽徽州人。

晚餵食一次，皮厚而腥，無膘，其大、小腸、肝、肺等多穢氣，極力洗刮亦不能去。」童先生雖富甲一方，為清代揚州的大鹽商之一，但格於當時運輸的限制，吃的範圍不廣，卻能道出個所以然來，確實讓人欽佩，無愧於大吃家本色，與同時代的袁枚，堪稱一時瑜亮。

在吃全豬或整豬方面，中國歷史上最赫赫有名的，其一為「豬全席」，其二為膾炙人口的烤乳豬或燒金豬。

豬全席以北京的「和順居」（一名「砂鍋居」、「白肉館」）燒製的最有名。其菜品以白煮、燒、燎為主。據散文家及吃家梁實秋的說法，這館子專賣豬肉和豬身上的一切，可以做出一百二十八道不同菜色的豬全席。他於民國十年左右，在好奇心的驅使下前往一試，像五吋碟子盛的紅白血腸、雙皮、鹿尾[2]、管挺、口條等等，都一一嚐過，其白肉更不會放過，東西相當不錯，生意十分興隆，終究以豬為限，格調自然不高云云。其實砂鍋居真正出奇制勝的手藝，表現在「小燒」（即製成精緻美味的小燒碟）上面。它由豬身上的所有材料，包括豬腦、豬耳、豬蹄、豬尾、以及豬腸、肚、肝、肺等食材，做出各式各樣花色不同的菜來，一套二十四件，或三十六件，或四十八件，或六十四件不等，品目繁多，有木樨棗、蜜煎棗、蜜煎海棠、蜜煎紅果、大紅杏乾等名目，同時還有別名，如木樨案另稱「棗籤」等是，不是專家還叫不全那些名堂。而它們的共同特點則是「以葷托素」，一律甜食。無怪乎梁實秋會說：「高雅君子不可不去一嚐，但很少人去了還想再去。」然而，砂鍋居最拿手的還是名不虛傳的「白

---

[2] 用豬尾巴做成的甜食。

肉」，關於此點，留待「白肉篇」時，再好好談談。

　　提到烤乳豬時，很多饕客就會眉飛色舞、垂涎三尺，究竟它的妙處何在？且聽以下分解。

　　有人認為燒烤豬的起源，出自《禮記・內則》的炮豚。其敘述的做法為：「取豚若將，刲之刳之，實棗於其腹中，編萑以苴之，塗之以墐塗，炮之，塗皆乾，擘之；濯手以摩之，去其皽。為稻粉糔溲之以為酏，以付豚；煎諸膏，膏必滅之。鉅鑊湯，以小鼎薌脯於其中，使其湯毋滅鼎，三日三夜毋滅火。而後調以醯、醢。」

　　這段望之似天書的原文，前人箋注此節，每多不可解或誤解之處，名歷史小說家高陽曾試為語譯，傳神能解。云：「取豬或公羊，刺喉剖腹；腹中塞滿棗子，外用葦草包裹；葦外塗黏土，投入火中。等外塗之土燒乾，剝落土塊葦草，然後洗手，將豬毛或羊毛像一層膜似地，一大片一大片地剝了下來。用米粉調成乾糊，塗在肉上，過油，油要多，多到能將肉浸沒。以過油的肉，置於鼎中，入大鑊隔水燉；水不能過鼎，用文火燉三日三夜。然後加醋、加醬調味。」其過程相當繁複，但頗能保存原味。

　　由上觀之，這款帝王美食，與當下之燒烤豬出入頗大。

　　因此，比較接近現今燒豬的記載，還是出自南北朝時、北魏賈思勰編撰的《齊民要術》一書，此書的炙法有專篇，炙豚即是所收錄廿二種燔炙法當中的第一種，其方法為選用「乳下豚極肥者，不拘雌、雄，整治的方式同煮一般，都是「揩洗、刮削、令極淨」。接著「小開腹，去五臟，又淨洗」，等這些前置作業處理好後，便在豬腹內塞滿茅草根，用柞木貫穿，「緩火遙炙，急轉勿住」，使其周匝烤透，如不全部烤到，便有偏焦情形。再用清酒塗其皮數次，然後「取新豬膏極白淨者，塗拭勿住」。假使

無新豬膏（油），純淨的麻油也可以。其成品的外觀極美，「色同琥珀，又類真金」。

接下來，我們再看看袁枚在《隨園食單》「燒小豬」一節的記載，從這兒即可看出千年來烤豬的一些改進、轉化。其原文為：「小豬一個，六、七斤者，鉗毛去穢，叉上炭火炙之，要四面齊到，以深黃色為度。皮上慢慢以奶酥油塗之，屢塗屢炙。」雖僅寥寥數語，但寫得很明白。

烤乳豬脆皮誘人

與袁枚同時期（公元十八世紀）的英國作家查爾斯‧蘭姆（Charles Lamb）曾撰有〈烤豬技藝考原〉一文，對其做法的描繪為：「十公斤以下、尚未斷奶的小豬，宰殺，去內臟，以作料醃製，抹糖，上叉置於炭火上轉動燒烤九十分鐘左右而成。烤得時候，要不停地轉動，使之受熱均勻，同時用小刷子不斷塗油於豬身。燒出一身脆皮的訣竅，還在於先炙乳豬內膛，再烤外皮，唯如此，肉的油脂方能慢慢滲入表皮」，而「更為考究的做法，據說為了防止耳朵、尾巴烤焦，保持乳豬完整而美好的體形，廚師們在正式烤以前，還會用荼葉將這些部分包裹好，並在豬腹內塞一個盛水的瓶子，以免腹腔被烤焦」。

照蘭姆氏的敘述來看，當時烤乳豬的技法，已與二十世紀初相去無幾。其中，最大的差別在於當時的塗油，業已改成用腐乳汁、豆豉汁、柱侯醬、甜麵醬或酒、動植物油、麥芽糖、椒鹽、蒜蓉等裡外連塗帶搓，讓味道深入肌里，只是所用作料忌用醬油，否則肉味帶酸，就不中吃啦！至於調味料配置的分量，即使是廣州的四大酒家——西關的「西園」、「文

◎ 吃烤乳豬，其妙在皮，「入口則消，
狀若凌雪，含漿膏潤，特異凡常」

園」，南關的「南園」，長堤的「大三元」，各有自己的手法，秘不傳人的訣竅，讓食客趨之若鶩。然而，最令人嘖嘖稱奇的反而是清末官居御史的梁鼎芬家。此公以好啖出名，府裡的烤乳豬一味，所用的醬色跟蒜蓉等，有其獨得之祕，一向見重食林。位於黃黎巷的「莫記小館」，其老板莫友竹本是個風雅人，為了得其絕活，特此以家藏紫米八寶印泥一大盒，徵得梁老同意，習得這套手藝祕方。從此，「莫記」就以烤乳豬馳名羊城，生意好到不行。

吃烤乳豬，其妙在皮。關於此點，《齊民要術》稱其「入口則消，狀若凌雪，含漿膏潤，特異凡常」，讀了就令人心嚮往之，真是致命的吸引力。而如何辨別好壞，袁枚提出的標準是「食時酥為上，脆次之，硬斯下矣」，倒是一針見血，指出關鍵所在。已故美食家唐魯孫曾嚐過梁鼎芬家傳給蒯若木家庖人大庚所烤的乳豬，據云：「入口一嚼，酥脆如同吃炸蝦片。」聽起來確是一絕。

不過，形容烤乳豬片滋味最鞭辟入裡的，我認為還是查爾斯‧蘭姆，他老兄對這層金黃酥脆之皮的著墨為：「我始終相信，天底下再也沒有哪種美味比得上在烤工極佳、火候絕妙的高超技藝下精製出的那種一嚼即碎。稍抿便化、香酥爽利、棕黃嬌嫩的乳豬皮兒。而這脆皮兒一語再無其

他的詞可以代替——它不由得你不想去咬咬那層酥軟津道的嬌嫩薄殼，以便盡情享用那裡面的全部美好內容——那凝脂般的膏狀黏質——脂肪一詞太虧了它——而是一種近乎於它的難以名狀的溫馨的品類——它乃是油脂花朵——在它的蓓蕾初期才採擷到——在它的抽芽之際便攝取來——在它的天真無邪的階段就……是肥與瘦、脂與肉的罕有的美妙結合，這時兩者早已交融一道，密不可分，因而化為玉露瓊漿一般超凡逸品。」此篇縱使是遊戲文章，但其詩一般的語言，毫不吝惜的大量詞藻，無不使人印象深刻。遂使正宗的粵式燒乳豬，名播五湖四海。

正統的粵式燒豬，向有「明爐乳豬，暗爐金豬」之稱。乳豬通常是「明爐」燒的，由師傅拿著叉子，插緊乳豬，在類似燒烤爐的柴火上燒炙，常吸引顧客觀看。但燒金豬就不同了，此豬為中豬，少說有三、五斤重，無法叉著燒，於是就掛在一個類似窯的焗爐裡燒，不管爐裡的火如何猛烈，一般人無由一觀究竟，此乃「暗爐」。且不管是用明爐烤抑或用暗爐烤，為了使它好看，一些師傅除了起紅增色外，還會加上些特製醬料，務使燒豬看起來遍體通紅、金光閃閃，特稱「發財金豬」，人見人愛。

此外，廣東的燒豬依皮相之不同，可分成「麻皮」派和「光皮」派。「麻皮乳豬」又稱「化皮乳豬」，其特點是燒時火旺，並不斷塗油及獨門醬料，同時不斷用針錐打皮面，利用油爆出來的氣泡疏鬆乳豬表皮，最後形成芝麻般均勻密布的氣泡，色呈金黃，俗稱「芝麻皮」，吃口較為酥脆，有「入口即化」的美譽。「光皮乳豬」在製作方面，雖少了錐針及塗油等工序，卻勝在外表一派大紅大紫，流光溢彩，純論賣相，較麻皮為佳。二者的吃法亦有差別。前者連薄皮下的嫩肉一起登盤薦餐，夾以千層餅，蘸海鮮醬、酸鹹荬、白糖或蔥花、紅椒絲食之；後者則只片其薄脆之皮，蘸

甜麵醬或梅醬而食。其食味萬千，究竟嗜何種口味，視個人口味而定。

　　此片乳豬也是有訣竅的，非庸手所能為。目前精緻片法為去掉捆紮物後，從耳背後和臀部各橫劃一刀，兩刀須長短一致，接著從橫切刀口兩端由前到後各直劃一刀，使先形成一張長方形的皮，再將長方形的皮順劃三刀，使之成為四個等份的長條形，然後逐條片下，每條橫切八片。總共是三十二片，照其原形覆蓋在豬肉上，去掉鐵叉，以全豬第一次上席，供客人先食豬皮，並依前述麻皮、光皮的各蘸料為佐。客人食罷豬皮後，取回豬體，切出豬耳、尾，把豬舌切作兩半，前、後腿的下節各剁下一只，每只劈成兩半，鏟出豬頭皮和腮肉，切成片狀；腹肉切塊狀，其大小與片出的豬皮同，豬臀另切作薄片，再拼成豬形，供第二次上席。

　　徐珂在《清稗類鈔‧飲食類》中載有「燒烤宴」。此一滿漢混合大席，席中除了有燕窩、魚翅外，「必有燒豬燒方（烤中豬大塊肉，亦稱爐肉），皆全體燒之，酒三巡，則進燒豬，膳夫、僕人皆衣禮服入。膳夫奉以侍，僕人解所佩之小刀臠切之，盛於器。屈一膝獻首座之專客。專客起箸，遍坐者始從而嘗之，典至隆也。」事實上，燒烤菜餚在清宮中，專供下酒。每當宮廷宴會時，多用掛爐豬、掛爐鴨，製成後片上席，稱為「片盤二品」。康、雍之世，豬、鴨常並用，但以豬為多。到了乾隆時，因他特愛吃掛爐鴨子，燒鴨曾盛極一時，但燒豬仍占有一席之地。宮廷如此，官府及民間亦然，只是民間等閒不易吃到此一美味。

　　另，據許衡《粵菜存真》所記廣州、四川兩個版本的滿漢全席膳單，均有燒乳豬出現。在廣州的膳單中，燒乳豬列第二度之「熱葷」，列於紅扒大裙翅、翡翠珊瑚及口蘑雞腰之後，為壓軸之大菜；而四川版的膳單，燒乳豬稱之為「叉燒奶豬」，列「四紅」（即叉燒奶豬、叉燒宣腿、烤大田

雞、叉烤大魚）之首。民國以還，在各名廚、餐館精製，燦然大備的滿漢全席中，烤乳豬或燒全豬均是不可或缺的要角，其在中國飲食史上地位之重要，由此即可見一斑。

燒乳豬徹底走入平民化，應以二十世紀二〇年代的「西施酒樓」爲濫觴。原來位於廣州市西關十八甫處，有一家「眞光百貨公司」，它對面的這家西施，占地不大，屬中、小規模的酒樓，老闆處此「食在廣州」時代，面臨惡性競爭，生意大嘆難做，唯有努力求變，於是推陳出新，以片皮乳豬做爲號召，希冀大發利市。

他特意在店門口置一長方形鐵火爐，請兩名燒臘師傅當街提個大叉燒乳豬，即燒即片，隨即上桌，而且可以外帶，這熱辣辣、亮澄澄、香噴噴的街頭即景，看得路人津液汨汨自兩頰出，不嫌其貴，紛紛解囊，一膏饞吻，遂一下子門庭若市。別家酒樓見狀，無不陸續搶進，此菜從此「飛入尋常百姓家」，火紅至今未歇。也與烤鴨一樣，成爲大眾吃食。

烤乳豬自成爲台、港、澳等地的粵菜館及港式餐廳首席名菜後，食客絡繹不絕，加上華僑在東南亞分枝散葉，此菜到了彼域，在酒筵中保留古風，往往整隻上桌，眼中有時還鑲嵌著兩只小燈泡，一閃一亮，煞是好看。我曾在泰國曼谷的「珠江大酒樓」享用過此一尤物，但見十斤不到的豬仔上桌時，全身紅通通、油汪汪，聞起來香噴噴，不禁胃口大開。馬上送進嘴裡，皮酥肉嫩，香脆無比，再加上滿桌的調味料，果然滋味超棒，獨自而食其半，至今回想起來，仍是其味津津。

台灣早年的粵菜館，擅烤乳豬的甚多，如「皇上皇」、「安樂園」、「龍華樓」等皆有妙品，今已不復存在。而現仍在經營的，如「古記」、「龍都酒樓」等，滋味亦遜已往，令我廢箸而歎。然則，唐魯孫所謂的烤乳豬：

「皮則瀦色若金，迸焦酥脆；肉則肥羜味美，燔炙增香」，至此完全被滅。看來只能徒托遠想，聊憶往懷罷了。

　　值得一提的是，台灣無論冬夏，空氣溼度均高，烤乳豬出爐後，掛在燒臘架上，只要超過個把鐘頭，皮一吸溼，吃到口中，炙香盡失，不是味兒，尤以雨、霧之日為甚。我一向陰雨天不食烤乳豬，即是秉持著孔老夫子「不時不食」的宗旨，價格不菲倒在其次，硬韌無比、失望透頂，那才糟糕。

豬事大吉豬頭篇

一提到「豬頭」，難免都帶貶義，指的就是個笨。不過，在明、清之時，有些酸文人卻別有所指，其意為「俏冤家」。且不管它具何意義，但其可愛的模樣，卻風靡了不少愛豬人士，紛紛收集典藏，尤其豬年期間，更是勢不可擋。

言歸正傳，豬頭最可貴之處，還在於它那非凡的滋味。早在三代之時，宮廷食豬之法，有炮豚、豕炙、蒸豚等，豬頭那一部分，恐怕分而食之，也上不得檯面。直到魏晉南北朝，豬頭始有獨立地位，成為單一美食。當時的做法為蒸，北魏太守賈思勰的《齊民要術》一書，便收有「蒸豬頭」一味，其製法為：「取生豬頭，去其骨，煮一沸，刀細切，水中治之。以清酒、鹽蒸，皆口調和。熟以乾薑、椒著上食之。」這種生料先出骨，焯水治淨，加調味品熟成的烹調工序，實為後世各種燒豬頭法的先驅，即使時至今日，仍是如此製作。

▌蒸豬頭，色香味俱全

北宋之初，出現了一則蒸豬頭趣聞，挺有意思，此載諸彭乘的《墨客

揮犀》中，蘇軾的《東坡志林》亦有同樣記載。

　　話說節度使王全斌在平定盤踞四川的後蜀後，為了追捕餘寇，與主力部隊漸行漸遠，竟至失去聯繫，落單只剩自己。由於作戰良久，人困馬疲腹饑，誤闖入村寺中，望見一和尚喝醉了酒，蹲坐地上，對他視而不見，根本不理不睬。他實在氣不過，準備一刀殺了。但此僧應對時，非但不卑不亢，而且全無懼色。全斌暗暗稱奇，便饒和尚一命，接著問可有飯菜充饑？和尚回說有肉無菜，全斌更奇。等到吃了和尚蒸的豬頭肉，覺得人間美味，也不過如此。待飽餐一頓後，便與和尚攀談，問道：「和尚，你只有喝酒吃肉的本事嗎？」和尚回道：「才不呢！我還會作詩。」王全斌便以「蒸豬」為題，要他寫來看看。和尚文思敏捷，援筆立揮即成，詩云：「嘴長毛短淺含臕（即膘），久住山中食藥苗。蒸處已將蕉葉裹，熟時兼用杏漿澆；紅鮮雅稱金盤飣，軟熟真堪玉筯挑，若將羶根來比並，羶根只合吃藤條。」全斌大喜，賜他紫衣師號。

　　也就是說，這種以蕉葉裹蒸、外號「金盤飣」的豬頭肉，鮮紅悅目，軟熟柔糯，色香味俱全，真是好吃的不得了。即使像羶根（即羊肉）那樣的美味，跟它比起來，就像啃藤條般的乏味。此詩雖對豬頭肉之美味推崇備至，但絕非溢美之辭。畢竟，環肥燕瘦，各有所愛，只要對味，各自表述，不亦宜哉！

　　元代燒豬頭的方式開始變化，吃法也多樣化。其一為太醫忽思慧在《飲膳正要》所載的「豬頭薑豉」，其法為：「豬頭二個；洗清切成塊。陳皮二錢，去白。良薑二錢、小椒二錢、草果五個、小油一斤、蜜半斤、右件（指上件），一同熬成，次下芥末炒，蔥、醋、鹽調和。」其燒法已是近世雛形。只是其名薑豉，但各調配料卻無豆豉，寧非怪事一椿？其二為

倪瓚在《雲林堂飲食制度集》收錄的「川豬頭」，後人演繹出的燒法是：「整豬頭一個，不剖開，先用紫草薰，刮去泥垢，洗淨，放入大鍋內，加滾水煮一沸，然後去水，再煮，如此反覆多次；取出豬頭，去髗骨，其餘切作薄片；把蔥白、韭菜洗淨，切作長段，筍乾、菱白切絲，花椒、杏仁、芝麻、鹽拌勻，與豬頭肉片摻和均勻，放大盆上，灑上酒，蒸約一刻鐘，上桌即可食。由上觀之，其做法比起《齊民要術》的蒸豬頭，做工細緻，更進一步。且用「手餅卷食」，實將吃口酥爛肥嫩，奇香撲鼻，老少咸宜的妙處，發揮到了極點。

明代時，仍有「川豬頭」這道菜，只是手法完全不同。據高濂《飲饌服食牋》稱此為：「豬頭先以水煮熟，切作條子，用砂糖、花椒、砂仁、醬拌勻，重湯蒸頓（即燉）。煮爛剔骨，札縛作一塊，大石壓實，作膏糟食。」由於此饌經過酒糟醃製，香味醇正，加上口味濃厚，其肉酥爛，湯鹵黏稠，乃上乘佐酒佳品，冬季圍爐小酌，允為無上妙品。

另，明代有一燒豬頭之法甚奇，出自說部。原來「天下第一奇書」《金瓶梅》第卅四回即寫宋蕙蓮燒豬頭的絕活，描述細膩寫實，實與《紅樓夢》裡的「茄鯗」一味，先後輝映，讀罷，令人不覺食指大動，涎垂三尺。該回寫著：「金蓮道：『咱們賭五錢銀子東道，三錢買金華酒兒，那兩錢買個豬頭來，教來旺媳婦子燒豬頭咱們吃。說她會燒的好豬頭，只用一根柴禾兒，燒的稀爛。不一時，來興兒買了酒和豬首，送到廚下。』……蕙蓮笑道：『五娘怎麼就知我會燒豬頭，裁派與我！』於是走到大廚竈裡，舀了一鍋水，把那豬首、蹄子剃刷乾淨，只用一根長柴禾，安在竈內，用一大碗醬油，並茴香、大料，拌的停當，上下錫古子扣定，哪消一個時辰，把豬頭燒得皮脫肉化，香噴噴五味俱全。將大冰盤盛了，

◎ 香噴噴五味俱全的滷豬頭

連薑、蒜碟兒，用方盒拿到李瓶兒房裡去。」

　　至於眾人吃相如何？書中未交代，但看到那「香噴噴五味俱全」幾個字，想必和同書第十二回：「人人動嘴，個個低頭。遮天映日，猶如蝗蚋一齊來，擠眼掇肩，好似餓牢纏打出。……吃片時，盃盤狼籍；啖片刻，筯子縱橫。這個稱為食王元帥，那個號作淨盤將軍。酒壺翻灑又重斟，盤饌已無還去探。」所拈出的動人畫面，相去幾希。

　　書中的「一根柴禾兒」，當然是獨門絕活。清初大學者朱彝尊《食憲鴻祕》中，其「蒸豬頭」一味[1]，雖用得的是蒸法，與宋蕙蓮燒法有別。然而，炊料倒很接近，只是一根劈材。其原文為：「豬頭去五臊、治極淨，去骨，每一斤用酒五兩、醬油一兩六錢、鹽二錢，蔥、薑、桂皮量加，先用瓦片磨光，如水紋湊滿鍋內，然後下肉，令肉不近鐵，綿紙密封鍋口，乾則施水，燒用獨材緩火。瓦片先用肉湯煮過，用之愈久愈妙。」文中的獨材緩火，誠為其精要所在。

---

[1] 與《調鼎集》所載有相通處。

而將柴禾之妙描繪得淋漓盡致的，首推已故大吃家唐魯孫〈宰年豬〉一文。他指出：「當年上海「阜豐麵粉廠」廚房有一位老師傅，大家都叫他「一根草」，是象山[2]人，據說他能用一根稻草，一根接一根的把一隻豬頭燒得味醇質爛，入口即融。」為了詳道其中妙處，他更舉出北京名武生吳彥衡喜歡吃燒得稀爛的豬頭肉，有一年在上海吃到「一根草」大顯身手的妙品，可謂三生有幸。

　　而那頭豬肉「紅肌多脂，肉嫩味厚，因為燉得糜爛，已不具豬頭形態，所以不忌濃肥的客人，無不飽啖一番，人人稱快」。且此味據那位老師傅說：「只要調味料用的得當，火力平均，慢工細火自然燉出來好吃，……肉頭鬆軟，肥而不膩。」它能搏得全桌舉箸怡然，自在情理之中。

　　清代因為各種烹調手法燦然大備，燒這頭豬嘛，當然繁複多樣，蔚成大觀。揚州由於商賈雲集，其吃法之多元，令人歎為觀止，別的且不談它，光是童岳薦《調鼎集》內所記載的，就有十四種之多，且煨豬頭有二法，蒸豬頭有三法。難怪而今在揚州，扒燒整豬頭仍是一等一的佳餚，它與清燉蟹粉獅子頭和拆燴鰱魚頭齊名，為當地「三頭宴」中不可或缺的要角。

　　儘管有人認為《調鼎集》中的「鍋燒豬頭」，乃宋蕙蓮燒法的延伸。但我個人以為《調鼎集》中的「煨豬頭」（即袁枚《隨園食單・特牲單》中的「豬頭二法」，燒法相同，僅文字略有出入）反而更為接近。其原文云：「治淨五斤重者，用甜酒三斤；七、八斤重者，用甜酒五斤。先將豬

---

[2]　在浙江省境內。

頭下鍋同酒煮，下蔥三十根、八角三錢，煮二百餘滾，下醬、酒一大杯、糖一兩，候熟後試嚐鹹淡，再將醬油加減，添開水要浮過豬頭一寸，上壓重物，大火燒一柱香（即燃燒一枝香時間），退出大火，用文火細煨收乾，以膩為度，即開鍋蓋，遲則走油。又，打木桶一個，中用銅帘（帘為用竹編成的幛箔，作障蔽之用；銅帘乃銅製成的幛箔，類似今日之笊籬）隔，將豬頭洗淨，加作料燜入桶中，用文、武火隔湯蒸之，豬頭熟爛，而其膩垢悉從桶外流出，亦妙。」

而與袁、童二人同時期的揚州人鄭堂，便以「十樣豬頭」聞名。清人李斗所撰的《揚州畫舫錄》中，還將他與吳一山炒豆腐，田雁門走炸雞，江南獅拌鱘鰉，施胖子梨絲炒肉，張四回子全羊，汪銀山沒骨魚，江文密車螯餅，管大骨董湯、紫魚糊塗，孔訒庵螃蟹麵，文思和尚豆腐，小山和尚馬鞍喬並稱，推崇他們「風味皆臻絕勝」。

鄭堂的「十樣豬頭」究竟如何好法，李斗僅一語帶過，反倒是徐珂編撰的《清稗類鈔》中，錄「法海寺精治餚饌」一節，盛讚該寺所製「燜豬頭，尤有特色，味絕濃厚，清潔無比，惟必須（預）定。燜熟，以整者上，攪以箸，肉已融化，隨箸而上」，只是想嚐此滋味者，必須「於全席資費之外，別酬以銀幣四圓」。曾經嚐過這燜豬頭的李淡吾先生，第二年還跟友人林重夫說：「齒頰尚留香。」其滋味極美，由此即可見一斑。清人另有〈望江南〉一詞可資佐證。詞云：「揚州好，法海寺間游。湖上虛堂開對岸，水邊團塔映中流，留客爛豬頭。」佛寺而能精葷饌，尤覺不可思議也。

又，據唐魯孫稱：「清末民初揚州法海寺，以冰糖煨豬頭馳名揚鎮，若干善信來寺禮佛，無不飽啖豬頭而回。其實法海寺豬頭，都出自三攬子

（一船老闆之名）之手，啓東（唐家舊僕，三攬子外孫）從小寄居外家，所以盡得其祕。」

　　唐老有次在江蘇泰縣就嚐到割熟高手啓東親烹的豬頭，描述細膩，入木三分。云：「豬最好選『奔叉』靠近姜堰農家飼養的豬，除豬頭皺紋特別少，而且皮細肉嫩，是做豬頭肉的上選，豬齡以將過週歲的幼豬最適當。豬頭買回來，先用鹼水刷洗，將豬毛拔淨，切成四或六塊，用濃薑大火猛煮，等水滾之後，將豬頭夾出，用冷水清洗，換水再煮，反覆六、七次。此時豬頭已經熟爛，將豬頭的骨骼一一拆除，整塊放入砂缽裡。一個豬頭最好分為兩缽，缽底鋪上干貝、淡菜、豌豆苗、冬筍滾刀切塊，然後將豬頭肉皮上肉下放在上面；另用紗布袋裝桂皮、八角，上好生抽、紹興酒、生薑、蔥段加水，以蓋過皮肉為度。蓋子封嚴，用溼手巾圍好，不令走氣。用炭基文火煨約四、五小時，掀蓋，將冰糖屑撒在肉皮上，再煨一小時掀蓋，取去紗布袋上桌。此刻豬皮明紅琥珀，筷子一撥已嫩如豆腐，其肉酥而不膩，其皮爛而不糜，蓋肉中油脂，已從歷次換水時出脫矣。」觀此，應與袁枚在其弟香亭家「食而甘之」的燜豬頭相近，其醇厚腴潤，能使人有大快朵頤之樂。

▌豬頭肉是主角也是美味配角

　　以上所談的是整豬頭。只是現代人胃納不大，僅食其半的「扒豬臉」，遂在北京應運而生。此菜為「金三元」的鎮店之寶，由店主沈青創製。他本來是搞節能環保型鍋爐的，曾得過獎。後來無心插柳，另玩出個名堂。許多饕客風聞而至，即使連吃個十次、八次，仍樂此不疲。做法近

於揚州扒燒，其過人之處，首在從豬頭選取、原料加工，到調料配置、烹製溫度和時間，每道環節都講求數據，故無論什麼時候去吃，都不會走樣兒。其能火紅至今，絕非倖致。

此外，散文名家周作人在《知堂談吃》提及他「小時候（指紹興時）在攤上用幾個錢買豬頭肉，白切薄片，放在乾荷葉上，微微灑點鹽，空口吃也好，夾在燒餅裡最是相宜」，同時其味道還「勝過北方的醬肘子」。其實，此法亦有所本。《調鼎集》內的「派豬頭」項下，便說：「煮極爛，入涼水浸。又，煮不加作料，批片，蘸椒鹽。」且介於乾隆及民初的咸豐年間，浙江錢塘大東門的豬頭肉甚有名氣，施鴻保《鄉味雜詠》有詩讚曰：「大東門切蔡豬頭，荷葉攤包不漏油。帶得褚堂火燒餅，晚風覓醉酒家樓。」施另介紹說：「豬頭以紅麴煮爛，切賣，大東門蔡家最有名。」由於蔡家的豬頭肉另加紅麴，故其色紅彤彤地，比起不加作料的白切來，應有一層更深奧的風味，蘊藉有韻致，乃下酒極品。

基本上，豬頭肉不僅配手餅及火燒而已。它還可以搭配饅頭及裹粥裹飯。只是前二者源於南方，後二者反而是北地吃法，滋味上當然有其獨到之處，讓人愛煞。

周作人謂他吃過一回最好的豬頭肉，「卻是在一個朋友家裡。他是山東清河縣人氏（名苦水，武松的鄉親），善於做詞，……有一年他依照鄉風，在新年製作饅頭豬頭肉請客，……豬頭有紅白兩種做法，甘美無可比倫。」事後他回憶起這檔子往事，「雖然說來有點寒傖，那個味道我實在忘記不了」，印象居然如此之深，其味絕非凡品能及。

另一散文名家鄧雲鄉亦云：「我們鄉間在北方山區，……把豬頭洗淨加大蔥一枚，煮爛，把骨頭去淨，把小缸洗淨，把稀爛的肉一層層放在缸

中，上壓圓木蓋，蓋上再用一塊石板壓緊，北方天冷，一夜之後，肉汁從板周圍溢出，凝成琥珀色透明的凍子，把肉翻出來，成爲一個五花的圓形肉坨。這樣把板下的肉和板上的凍子分開。凍子切上骨牌片，淋上麻油、醬油、薑末上盤。下面的肉，也先一破四大塊，然後用快刀豎切飛薄的大片，有透明感，花紋紅白黃燦然成彩，又不規則，雜堆盤中，也淋上麻油、醬油、酸醋，吃口爛而又有韌性，又香又爽，下酒最好，也可裹粥裹飯。」其滋味當然挺好。然經比對後，似與《調鼎集》中的「醉豬頭」有異曲同工之妙。只是後者在下鍋煮時，除大蔥易成細蔥白二錢外，須「每肉一斤，花椒、茴香末各五錢、鹽四錢、醬少許拌肉入鍋，文武火煮。俟熟以粗白布作袋，將肉裝入紮好。上下以淨板夾著，用石壓二、三日」，而把肉切寸厚大牙牌塊後，則「與酒漿間鋪，旬日即美絕倫。用陳糟更好」。其繁複細緻，固無庸多說，必遠在山區土法之上。

鄧雲鄉曾說：「好吃的東西，並不是稀奇的東西，珍貴的東西。普通東西，做得好，也照樣好吃。」這話反映在川菜的豆渣豬頭上，名副其實。早在清代時，已有廚師將此一做豆腐剩下來的豆粕[3]來炒菜，並美其名爲「雪花菜」。它原是賤物，但與不登大雅的豬頭肉一結合，卻「起死回生」，成了另類美味。豬頭軟糯，豆渣酥爽，色澤棕紅光亮，味道濃郁鮮香。只是菜裡頭另添干貝、火腿、油雞、口蘑等配料，雖有點喧賓奪主的味道，卻不會讓豆渣聊備一格而已。

當下常吃的紅燒豬頭肉、滷豬頭肉或煮豬頭肉，縱已臠切數塊，或天花（即豬腦蓋並上腭），或鼎鼻（即豬鼻），或雀舌（即豬舌），或前腮

---

[3] 北方人管它叫豆腐渣，一般充作豬飼料。

◎ 豬頭皮切絲是下酒好搭檔

（即豬腮頰），或豬耳，或嘴叉（即豬嘴叉子）等，點食之後，再予細切，加麻油及蔥花，即可食用。只要火候拿捏得宜，自然酥爛腴軟，十分可口。但總覺得少了點味兒，有其成長空間。

待讀罷《調鼎集》後，終於恍然大悟。原來豬頭在紅燒前，先「切塊，治淨，用布拭乾，不經水，不用鹽，懸當風處」，並於「春日煮用」。經風吹透，脆中帶嫩，更有吃頭。此外，還得加料。其「煮豬頭」一節云：「治淨豬首切大塊，每肉一斤，椒末二分，鹽、酒各二錢，將肉拌勻。每肉二斤，用酒一斤，磁盆密蓋煮之（眉公製法⁴）。又，向熏臘店買熟豬頭（紅白皆有，整個、半邊聽用），復入鍋加醬油、黃酒，熟透為度。」此味將生鮮與熏臘者同煮，其意如同金（火腿）銀（鮮腿）蹄，有味外之味，實難能可貴。

在《調鼎集》內，燒豬頭之法雖多，卻沒有炙或熏的。關於炙的，《清稗類鈔》云：「杭州市中有九熏攤，物凡九，皆炙品，以豬頭肉為最佳。道光時，大東門有綽號蔡豬頭者，所售尤美。……姚思壽為作詩云：『長髭大耳肥含臁，嫩荷葉破青青包。市脯不食戒太牢，出其東門凡

---

⁴ 眉公為陳繼儒之號，生前名動公卿，以眉公餅而為世所稱，此餅堪與東坡肉齊名。

幾遭。下蔡群迷快飲酒，大嚼屠門開笑口，鵝生四掌鼈兩裙，我願豕眞有二首。』」按：「但願鵝生四掌，鼈生兩裙」，乃宋代謙光和尚的飲食名言，這位姚老哥的願望居然是豬生兩頭，可見他對「蔡頭豬」所炙的豬頭肉，心嚮往之，傾慕不已。

我那名媛且是妙手廚娘的女弟子何麗玲，當她主政「春天酒店」時，有次同我談起割烹之道及味美之物，均認爲熏豬頭皮爲第一。她笑謂自己做得不錯，那天要請我指教云云。原以爲只是句玩笑話，不料有次在新北投「三二行館」用餐時，她饋以整隻親炙之熏豬頭，碩大無朋，紅光透亮，熏香四溢，待攜回家中，放冰箱冷藏，慢慢地受用。或直接切食，或配麻油、蔥花，或蘸細鹽，皆有可觀之處。下啤酒固然甚宜，就白乾更是美妙，如此過了個把月，才把它完全食盡。事隔年餘，思之前事，猶覺味道極美，誠「津津有餘味」。

豬事大吉白肉篇

我喜歡吃白肉，不論是白煮、白灼、白片或做成火鍋，無一不愛。雖然白肉又稱白煮肉、白片肉、白切肉等，但煮是烹調的方式，切或片則是成菜的過程。唯這款白水煮的豬肉，看似簡單，其實很考究，演進的歷史更充滿著傳奇。

關於白肉，宋代即有記載。像孟元老的《東京夢華錄》、耐得翁的《都城紀勝》，皆有「白肉」售於市肆餐館的描述。到了明代，劉若愚所撰的《酌中志・飲食好尚紀略》亦有明宮廷每年四月「是月也，嚐櫻桃，以為此歲諸果新味之始。吃竹筍雞，吃白煮豬肉，以為多不白煮，夏不爐（即熬）也。……」之記載。可見宋、明兩代，從宮廷到民間，均食白煮豬肉。儘管是如此，若溯其本源，它應是由滿族人的祖先傳入中土，等到滿洲人入主中國，遂大行於世。其吃法亦因民族融合及南北會串而呈現出多元化，精采萬分。

▌滿人白煮跳神肉

滿人信奉薩滿教，薩滿又名薩麻、珊蠻，其意為具有超自然能力、能和靈界溝通的巫人。其信仰屬於某一原始的多神崇拜。而薩滿此一通神之

人，其降神作法的儀式，乃一種進入催眠狀態，起初喋喋不休地傳達神諭，進而代神說話的跳神儀式。當祭神祭天進行跳神時，必宰豬以祭祀，故此一白煮豬肉，又叫「跳神肉」。

等到滿洲人入關，仍以北京爲首都。清宮一如明宮，有增損，無改措；唯一的例外是坤寧宮，蓋明朝的皇帝住乾清宮，皇后住坤寧宮。清宮則除大婚以坤寧宮爲洞房外，皇后平時都住養心殿後軒。然而，坤寧宮的規制，與前明大不相同，而是照著清太祖天命年間，盛京清寧宮的式樣重建，目的是保存先人「祭必於內寢」的遺風。其正殿不但是廚房，同時也是宰牲口的所在。其形式一進門便是一張包鐵皮的大木案，地上鋪著承受血汙的油布，桌後就是一個稱爲「坎」的長方形深坑，坑中砌著大灶，灶上有兩口極大的鍋子，每口鍋皆可整煮一頭豬，鍋中的湯汁，自砌灶以來，直到末代皇帝溥儀被逐出宮止，一直未曾換過，始終保持著原汁原味。

坤寧宮在俎案鍋灶以外，神龕就設在殿西與殿北兩面，殿西的神龕懸黃幔，供奉關聖帝君，享受朝祭；殿北的神龕懸青幔，供奉「穆里罕」（即克木土罕，赫哲族之薩滿），享受夕祭。

每年的大祭（二月初一日），均由皇帝親臨主持。乾隆年間，皇帝必坐在匟床上，自舉鼓板，高唱「訪賢」一曲，從未中斷。如按照祖宗規矩，不論每日朝祭、夕祭，帝后都須親臨行禮，只是日子一久，早已成了虛文。日祭改由太監虛應故事。其職事太監分爲司香、司俎、司祝。此外，紫禁城的東華門，午夜一過子正，即啓城門。不管晴雨寒暑，門外早有一輛青布圍得極嚴的騾車候著，等門一開，即到坤寧宮前，卸下兩頭豬來，經過一番儀式，隨即殺豬拔毛，待洗剝乾淨後，放入那兩口老湯鐵鍋

內，純用白水煮，不下香料及鹽，煮熟了再祭神。

而大祭時，典禮至為隆重繁複，先由司俎太監等舁豬入門，置炕沿下，豬首西向。司俎屈一膝跪，按著豬頭，司祝灌酒於豬耳內，宰豬之後，去其皮，按部位肢解，煮於大鍋內。皇帝、皇后行禮叩頭畢，撤下祭肉，不令出戶，盛於盤內，置長桌前，按次陳列。帝、后受胙（祭祀肉），即率領王公大臣食肉。這種祭祀過後的肉叫「福肉」或「福胙」。此外，在新年朝賀時，皇上亦賜廷臣喫豬肉，其肉亦不雜他味，煮極爛，切為大臠。臣下拜受，禮甚隆重。諸君或許會問，平日祭祀的肉，都到哪去了？原來這些福肉，照例歸散秩大臣及乾清門的侍衛享用。以上所言，乃天家食白肉的規矩。

至於滿洲貴族或顯赫人家，他們吃白肉的方式，凡有大祭祀，或喜慶，則設食肉之會。據《清朝野史大觀・滿人食肉大典》的記載：「無論識與不識，若明其禮節者即可往，初不發簡（信函）延請也。至期，院中建蘆葦棚，高過於屋，如人家喜棚然，遍地鋪席，席上又鋪紅氈，氈上又設坐墊無數。客至，席地盤膝坐墊上，或十人一圍，或八、九人一圍。坐定，庖人則以肉一方約十斤，置二尺徑（即直徑二尺）銅盤中獻之，更一大銅碗，滿盛肉汁，碗中一大銅勺，每人座前又人各一小銅盤，徑八、九寸者，亦無醯（醋）、醬之屬。酒則高粱傾於大磁碗中，各人捧碗呷之，以次輪飲，客亦備醬煮高麗紙、解手刀等，自片自食，食愈多則主人愈樂，若連聲高呼添肉，則主人必再三致敬，稱謝不已。若並一盤不能竟，則主人不顧也。肉皆白煮，例不准加鹽、醬，甚嫩美。善片者，能以小刀割如掌如紙之大片，兼肥瘦而有之。滿人之量大者，人能至十斤也。主人並不陪食，但巡視各座所食之多寡而已。其儀注，則主客皆須衣冠。客入

門，則向主人半跪道喜畢，即轉身隨意入座。主人不安座也。食畢即行，不准謝，不准拭口，謂此乃享神餕餘，不謝也，拭口則不敬神矣。」

其所述十分詳盡，但解手刀及高麗紙究係何物？卻無從理解。名歷史小說家高陽倒是講得很詳盡。他指出：「解手刀，大致為木鞘木柄，柄上還雕有避邪的鬼頭。……泡在好醬油中，九浸九曬的高麗紙。此紙的用法有兩種，在宮中吃肉，則用這種醬油紙假作拭紙揩碗，讓脫水的醬油鹽分，因熱氣而還原，用以蘸肉；這因為吃肉原是不准加作料的，所以必得用此掩耳盜鈴的辦法，以符儀制。至於在宮外吃肉，則乾脆撕一塊醬油紙，扔入湯碗，溶成醬漿，比較省事。」且此二物皆繫在隨身的腰帶上。

另，據《寧古塔紀略》、《柳邊紀略》、《絕域紀略》、《滿洲源流考》及《雙城縣志》等記載，滿洲人除節慶外，於還願時，亦請親友食用白肉，透過長時期的具體實踐，故製作精究，質量極高。此外，民初人士柴小梵在其《梵天廬叢錄》卷三十六裡亦記一則「吃白肉」。云：「滿洲皆尚此俗，每至夏曆元旦家宴時，先陳白肉一簋，其子弟卑幼各以一臠進於尊長。尊長食，其下依次遍食，以多為貴。喫白肉畢，而後進各看饌，俗稱一歲健康與否，皆於元旦喫白肉時卜之，食多則常保安全，否則不然，年老者更於此驗之。親友入門賀歲，各問長老元旦喫肉若干，其老者即食肉不多，主人亦飾辭以對，親友則深致賀辭焉。又，滿俗有婚喪事宴客，無雞鴨魚鮮等品，四碟八簋，為臠為胾（音志，切成塊的肉），為醢（音海，肉醬）為羹，純係豕肉，別無兼味，酒始巡，必先進白肉一器，其崇尚之如此……。」體面禮俗至此，可謂非豬不可，少豬不歡。

正因滿人好食白肉，於是乎「名振京都三百載，味壓華北白肉香」的「砂鍋居」遂應運而興。

腴美不膩、肉白勝雪

「砂鍋居」原名「和順居」，其字號係取「和氣生財，順利致富」的吉祥之意。坐落在西市牌樓北邊缸瓦市路東，緊鄰著定王府的圍牆。據說它之所以名為「砂鍋居」，是因為大門口設了個灶，上面擺著一個大砂鍋，直徑四尺多，高則約三尺，可以煮一頭豬。在清代時，該店每天只殺王府供應的一口豬，且所煮出來的肉，肉白勝雪，其刀工也是一絕，片薄如紙，其腴美不膩的滋味，冷吃熟食皆宜，遂大受歡迎，過午即售清，收了店幌子。是以當時即有「紅瓦市中吃白肉，日頭才出已云遲」之句。因此老北京流行的歇後語：「砂鍋居的幌子——過午不候」，即由此出。不過，這種「限量供應」的形式，終究難以為繼。民國廿六年（公元一九三七年）之後，「砂鍋居」便「打破舊規添晚賣」，全天營業。

民國以還，「砂鍋居」的白煮肉，已與當年王府無鹽無醬的「白煮祭肉」大不相同。它選用去骨的豬五花肉或通脊肉，洗淨切塊後，以大砂鍋清水燉煮，旺火燒開後，文火再煮兩個小時，途中不再添水。這樣煮出的白肉，才能保持著原味，肥而不膩，瘦而不柴，湯汁濃郁。接著撇淨浮油，撈出晾涼，撕去肉皮，再切成寬不足一寸、長不過四寸的薄片，片薄如紙，粉白相間，煞是好看。然後整齊地碼在盤內，與小碗調料（內含醬油、蒜泥、醃韭菜花、腐乳汁、辣油、香油等作料）上桌供食。如就著荷葉餅或芝麻燒餅吃，風味獨特，誘人饞涎。

目前北方以白肉著名的餐館，除「砂鍋居」外，尚有吉林省的「老白肉館」及「春和園」，前者以白肉血腸聞名，後者則以抽刀白肉而名揚東北，各有其獨門絕活。

◎ 砂鍋居的鎮店大砂鍋

　　「老白肉館」初由滿人白樹立於清光緒年間創辦、並專營白肉血腸，一九四〇年更名爲「太盛園」，仍以此菜爲主，因其滋味甚佳，深受顧客喜愛，成爲吉林名菜。後改回原店名，繼續專售此菜。其法爲取新鮮帶皮骨豬五花肉，切成大方塊，置明火上烤至外皮焦糊，入溫水浸半小時取出，退去浮油，去淨毛汗，入鍋。沸水燒開後，再以小火煮至熟透，趁熱抽去肋骨，切成十公分長的薄片，皮面朝上碼入盤中。其白肉軟爛，皮色棕黃，肥而不膩。與置於肉湯汁中的血腸切片供食，軟嫩細緻，時逸肉香。又其蘸料主要爲韭菜花、腐乳、蒜茸、辣椒油等。其血腸製法亦有獨到造詣，在此且略而不談。

　　抽刀白肉的創始人爲「春和園」廚師田福。他自幼在此司廚，擅烹豬肉菜餚。其紅燒肉和清湯扣肉都是特色名菜，然而，白肉漬菜火鍋這一味，常因肉切得短而厚，食來膩口。他爲了改進油而肥膩的缺點，便反覆摸索，開始將刀切改爲刨子推，果然推出的肉片其薄如紙，但長度不夠，仍不完美。後來，田福特製一把長近二尺的片刀，日夜操練，終於創出推、拉、抽的嫻熟刀法，並能抽出長過一尺、薄的可隔肉看清紙上字跡的

白肉片。此白肉片自一九二七年創製成功以來，因形狀美觀，紅白相間，熟後如波浪起伏，脆嫩鮮香，肥而不膩，不僅可在店內享用，且是饋贈親友的絕佳手信。

此肉片在製作時，係取一方長、寬均達六十公分的豬腰排五花肉，除去肋骨，入清水浸泡三小時撈出，用刀刮淨毛，置清水鍋中，煮至五成熟時撈出，置案板上壓平，接著冰鎮，然後用片刀抽拉出長薄片。要求長短、厚薄一致。此肉片既可單獨食用，亦是製作火鍋、氽白肉的絕佳食材。而在單獨食用時，還得再加工，將肉片從兩頭向中間折疊，分八片或十六片碼成一盤，上籠屜蒸熟後，瀝去油分即成。食時的蘸料，主要為蒜醬及韭菜花等。

由上可知，而今在北方白肉仍居龍頭地位，「白活」（專門承應吃白肉的廚師）的功夫了得。早在盛清之時，袁枚即在《隨園食單》寫著：「白片肉，……此是北人擅長之菜。南人效之，終不能佳。」何以不能佳？主要在片法，他接著指出：「割法須以小快刀片之，以肥瘦相參，橫斜碎雜為佳，與聖人割不正不食，截然相反。」當然啦！食客片肉的手藝，與食量亦有一定的關係。善於此道者：「連精帶肥，片得極薄的一大片，入口甘腴香嫩，其味特佳；不會片的，只是切下一塊，肥瘦不拘，要嚼好一會兒才能下嚥，味道自然差得多了。」這可從坐觀老人在《清代野記》中得到佐證。他曾參加過一次「吃肉」的宴會，其中寫道：「予於光緒二年（一八七六年）冬，在英果敏公宅，一與此會，予同坐皆漢人，一方肉竟不能畢，觀隔座滿人，則狼吞虎嚥，有連食三四盤、五六盤者。」

另，童岳薦在所著《調鼎集》內，亦對「白片肉」的燒法等提出一己的觀點，頗具參考價值。他認為：「凡煮肉，先將皮上用利刀橫、立割，洗三四次，然後下鍋煮之，不時翻轉，不可蓋鍋。當先備冷水一盆置鍋邊，煮撥（將食材用清水煮沸以除去血水和腥氣等）三次，聞得肉香即抽去火，蓋鍋燜一刻，撈起分用，分外鮮美。」此外，在選肉及蘸料方面，亦大異於北方餐館。其法為：「忌五花肉，取後臀諸處，宜用快小刀披片（不宜切），蘸蝦油、甜醬、醬油、辣椒醬。又，白片肉配香椿芽米，醬油拌。」看來這位富甲一方的鹽商，即使是吃白片肉亦甚講究，比起天子腳下，似乎更勝一籌。當下日本在夏季時喜食白片豬肉，雖蘸料與做法不同於中土，但其飲食受中國影響甚深，於此亦宛然可見。

白肉迄文革前仍在長江下游地區流行，著者如伍稼青的《武進食單》，其「白切肉」項下云：「取上好豬肉一方塊，入鍋加水煮一沸，撇去浮沫，加酒少許再煮，以熟為度，不可太爛。取下去皮切片，排列盤內，另用小碟盛醬油、蒜泥或麻醬，蘸而食之，腴而不膩，夏令最宜。」另，早年上海的「德興館」亦有白切肉供應，保持本幫正宗燒法。這兩款白肉菜，全然家常風味，只要烹調得宜，照樣好吃得緊。

四川的蒜泥白肉，可算是天府珍饈中的重要一味。其白肉的菜餚，應是由江南導入，此當歸功於美食家李化楠、李調元父子。李化楠在乾隆朝時，曾宦遊江南多年，勤搜當地食單，錄下大批飲食資料。等到其子李調元在編輯《函海》（共四十函）時，便以此為基礎，再加上四川民間食品加工釀造等法，整理編成《醒園錄》一書，收入《函海》叢書之中，刻行於世。「白煮肉」亦因而流行於巴蜀諸地。到了晚清之時，「白肉」、「春芽白肉」等菜餚，已記載於傅崇榘的《成都通覽》一書內，成為當地的幾道

美味。及至二十世紀二〇年代，蒜泥白肉才正式問市。

　　早年在成都以擅燒蒜泥白肉成名的店家有二，一是位於南城祠堂街，對面爲少城公園，此店不大，店堂只容十張左右小桌的「邱佛子」；另一是址設東城華興街，屬繁華地段的「竹林小餐」。兩家菜品相近，菜之濃淡入味，則各有其特色。前者在選肉上挺講究，要不肥不瘦，要皮薄肉嫩，又要皮肉相連，還得瘦略多於肥。肉煮過後，撈起漂涼，切成長十二公分，厚寬五公分的長方塊，再煮再漂待用。等到用時，尙須入罐煮至斷生，不黏又不硬才行。片肉則刀隨手轉，刀進肉離，所片下的肉則其薄如紙，每片都一個樣，有皮有肥肉有瘦肉，而且不穿不透，平整透亮。其佐料亦極佳，醬油選用勝利窩油；辣椒用成都附近所產之二金條辣椒，舂成辣椒麵，再以熟菜油燙製成辣椒油；蒜泥必須當天舂，才能保持蒜味濃郁。成菜爲白肉熱片上盤，澆上醬油、辣椒油和蒜泥拌成的佐料，白裡透紅，香氣四溢，深受食客喜愛。

　　後者在選肉上尤高人一等[1]，專取「二刀肉」及腿上端一節的「寶刀肉」，這樣的豬肉除不肥不瘦，皮薄質嫩外，且皮肉肥瘦相連，肥少瘦多，這上好肉到了店裡，還要去其骨筋次品，以其最精華部分，放湯鍋中煮至半熟。據名美食家車輻的敘述：「在此時要拿穩火候，多一分太死，少一分太嫩（這個嫩是不成熟），要及時撈起漂（去聲）冷，然後再撈起來整邊去廢。根據豬肉大小、方位，切成長方形肉塊，再放進湯中煮它一定時候，撈起放入清水中漂冷，使其冷透過心。兩煮兩漂，達到熱吃熱片的地步。」但店家這個熱切熱吃的「當家王牌」菜，除非是熟客，只能現

---

[1] 一般川菜館選用肥瘦均匀之肉，號稱「匀白肉」或「雲白肉」。

◎ 三分俗氣的白灼禁臠

片現吃，「但仍是無上佳味」。而想吃那熱片熱吃的熟客，得趁人少時，向堂倌先打招呼，再親去廚房和廚上打個照面，這時大師傅蔣海山才會使出看家本領，於刀隨手轉、刀進肉離外，再片完一刀，指頭順彈，肉片飛卷入盤，望之猶如木工刨刀推出的刨花。他在施展完此一運刀之妙，堪稱一絕的超凡技藝後，「白肉片得如牛皮燈影那樣薄，皮子肥瘦三塊相連，透明度高，平整勻稱」，然後食客用德陽或中壩口出產的醬油蘸上，和以紅油、蒜泥。

車輻食罷極為滿意，認為「那真是達到食的藝術最高標準」了。難怪老成都人會說：「竹林小餐二分白肉，兩個人去吃吃不完。」為什麼一小盤白肉（二分）才這麼個幾片會吃不完呢？原來它好吃到兩個人如遇吃剩下是個奇數，最後那一片誰也不好意思下箸去拈。此正拈出店家「少而精」的妙處，東西愈好，愈有人吃。反正敲竹損嘛，只要好吃，一個願打，一個願挨，不也就各得其所、相安無事囉！

近二十幾年來，台灣的川菜式微，早就無適口的蒜泥白肉可食，加上創藝菜當道，居然搞起蒜泥白肉捲，用瘦而不肥的白肉，捲著蘆筍、小黃瓜條或掐菜等，上澆一匙蒜泥、醬油等兌成的調料，調汁淋漓，好不可怖；加上肉上無皮，食來柴澀不堪。看來現今在台灣，想吃好的白片肉，只有去位於永和市的「三分俗氣」去品那氽蒿肉香、爽嫩適口的白灼禁臠，反而可以大快朵頤、一膏饞吻。

豬事大吉蹄爪篇

蹄膀和豬腳尖是很多人的最愛，而且不分男女老少。在我所吃過的蹄膀中，若論滋味及賣相，必以「天罈」的「紅蘋圓蹄」為最。製作考究，火候十足。其法係以蘋果泥用「敦」[1]燜上個六小時後薦餐，外觀紅通油亮，渾圓完整無瑕，皮Q爽肉不柴，肥油消融無蹤；且其所搭配者，為卷曲成環的白色麵線，朱紅色的小紅蘿蔔及翠綠的青江菜，排列齊整，顏色燦然。我每見此五彩繽紛、悅目養眼的佳餚，必不能自己。若非尚有他菜，早就筷不停夾，一一送入五臟廟中。

▌豬蹄爪補益養身

清代名醫王士雄對豬蹄爪的補益甚為推崇，指出其性「甘鹹平」，能「填腎精而健腰腳，滋胃液以滑皮膚，長肌肉可愈漏腸，助血脈能充乳汁」，同時「較肉尤補，煮化易凝」，且以「老母豬者勝」。然而，它也不是毫無缺點，「多食助溼熱釀痰疾，招外感，昏神智」；因此，「先王立政，但以為養老之物」。只是母豬蹄能下婦人乳汁，歷來醫書多持此說，

---

[1] 一種陶製的窯，狀若烤鴨的鐵桶。

153

早如六朝時《名醫別錄》即有以此煮汁服，下乳汁之記述，唐時《外臺祕要》，亦有用母豬蹄煮汁以療婦女無乳的記載。而今，台灣婦女每以花生煮豬腳來發乳汁，港澳地區的婦女，最常用者乃豬腳薑，可見老祖宗這法子甚爲管用，遺愛受惠至今。

豬蹄在先秦時多充作祭品，像《史記・淳于髡列傳》便載有：「見道旁有禳田者，操一豚蹄，酒一盂」，「臣見其所持者狹而所欲者奢」。後因此演化出豚蹄禳田的成語，形容以薄禮而望厚報。時至今日，中國有些地區仍有在新春佳節或清明、冬至祭拜先人時，仍用一只豬蹄膀奉祀於牌位前之習俗。不過，豬蹄比起豬頭來，更上不了檯面，以致在清盛世之前，甚少有記載其燒法之菜譜或食單。眞正讓豬蹄躍上烹飪舞台並大放異彩的，首推童岳薦的《調鼎集》，計有廿七種之多。其中的「煨豬蹄」，即袁枚《隨園食單》所載的「豬蹄四法」，分別是清醬油煨蹄、蝦米湯煨蹄、神仙蹄及縐紗圓蹄。且爲看倌們道其詳。

清醬油煨蹄原文：「蹄膀一只，不用爪，白水煮爛，去湯；好酒一斤，清醬、酒杯半、陳皮一錢、紅棗四五個煨爛。起鍋時，用蔥、椒酒潑入，去陳皮、紅棗。」文中的清醬，無色，其味極鮮美，是「三伏秋油」之冠。此菜的佐料以清醬和酒爲主，另以紅棗、陳皮搭配，目的在增其甘、補其香，再煨至極爛。此餚色頗艷，形以鐘，質鮮嫩，味香醇，鹹中微甜。起鍋之際，淋以蔥、椒酒，風味更佳。

蝦米湯煨蹄原文：「先用蝦米煎湯代水，加酒、醬油煨之。」文中的蝦米，其品種繁多，有大、中、小之分、鹹淡之別。如按其形體及特徵，又可分爲金鉤米、白米及錢子米。一般而言，能用體彎如鉤，顏色鮮艷，略有乾殼，肉堅實而味清淡的金鉤米，即可列上品。此菜採用蝦米熬湯，

再加酒、醬油煨蹄膀，製法特殊，其味鮮美，湯呈淺紅，皮爛肉酥，具有濃厚的海味，兩者合治甚鮮，令人回味不盡。

神仙蹄原文：「用蹄膀一只，兩鉢合之，加酒、醬油，隔水蒸之，以二枝香爲度，號『神仙肉』。」文中的兩鉢合之，指民間採用簡易炊具，以兩鉢合一，置沸水蒸之。至於神仙，則是浙江的一種方言。其法是採用稻草爲燃料，慢火勤添。先將鮮蹄整治乾淨入鉢，皮朝底，加醬油、酒等作料調之，不加湯水，然後加蓋密封，隔水蒸之而成。待賓主敘情畢，及時獻上嚐食，食者無不訝異，並且讚美不絕，稱神仙烹製法。此餚妙在簡便、快速、味美，其質本略帶溏性，但切片盛盤淋汁後，卻食罷無膩柴感，鮮香爽潤，風味獨特，袁枚認爲他吃過的，以錢觀察家所製作的最精美。

皺紗圓蹄原文：「用蹄膀一只，先煮熟，用素油灼皺其皮，再加作料紅煨。」此法選用豬鮮蹄，整治淨毛後，煮至七成熟，乘熱在皮上略塗醬油，以熱素油[2]油炸，撈起再浸入原湯中，使皮鬆散，泡如皺紗，江南亦有稱其爲虎皮者。待其皮酥軟，接著加醬油、酒、糖煨至酥爛。成菜外形美觀，香味四溢，皮糯油潤，肥而不膩，筋肉尤美。另，蹄膀之肉活絡，筋肉相連，細而腴美，味落於湯中，妙則在其皮，難怪懂吃的人，會先下手爲強，用筷子挑其一角，掇食其皮，號稱「揭單被」。

蹄膀一名肘子、蹄花。煮法或紅燒或白煮或凍或醬，吃法可冷可熱，由於妙品極多，眾香發越，美不勝收。以下所舉，皆是其中的佼佼者，可供食興談助，足爲食林生色。

2　通常爲花生油。

◎ 上海市郊金山縣楓涇鎮的丁蹄作坊

　　紅燒豬蹄中，最負盛名者，爲楓涇丁蹄及蘇造肘子等；台灣所製者，以客家人最爲擅長，分別是萬巒與美濃豬腳，惟囿於篇幅，故眾所週知的萬巒豬腳，暫且存而弗述。

　　楓涇丁蹄，是上海市郊金山縣楓涇鎮的特產。此鎮本是水鄉，有「芙蓉鎮」之稱。約當清咸豐年間，該鎮的丁氏兄弟在張家橋邊合開「丁義興酒店」，經營一些酒菜和野味熟食。由於本輕利薄，一直發不起來。一日收市後，兄弟倆閒談，一致認爲，只有做得出有自家面目的特色產品，才能把餅做大，進而一本萬利。於是由豬蹄膀著手，經多次配料研製，終於燒製出紅通油亮、肉細皮滑、完整無缺、久食不膩的「丁蹄」，轟傳江南各地，每日座無虛席。

　　吳俗本尙蹄肘，妙在「緩火煨化」。丁氏兄弟成功後，並不以此自滿，幾經改良之後，選料更爲嚴謹，除用太湖良種豬重約一斤三兩的後腿外，更以嘉興「姚福順」特製的醬油、蘇州「桂圓齋」的冰糖、紹興花雕酒，以及適量的丁香、桂皮、生薑等原料，經柴火三文三旺後，爛煮成今日這個熱食酥爛香醇、冷嚐鮮腴可口、湯汁稠濃不膩的形式，既爲酒席上

的佐餐佳餚，亦是餽贈親友的高貴上品。

　　此菜做成罐頭後，遠銷南洋各國，並在一九五四年德國萊比錫博覽會上獲得金質獎章，蜚聲國際。有位佚名仁兄的竹枝詞讚云：「丁蹄產自鎮楓涇，料好煮堪文火生。運去歐亞多獲獎，百餘年來業興旺。」持論公允，可為的評。

　　類似丁蹄的冰糖圓蹄，其實佳品紛呈，手法不一，例如伍稼青的《武進食單》，即記述如下：「將豬蹄子肉一個，先煮一沸，取出，于肉皮上塗以紅糖煉就之顏色，將肉放入碗內，加入酒、醬油、冰糖，隔水蒸之極爛，……。在食前另取大碗或大盤蓋上翻轉，揭去原來肉碗，則蹄子肉成半圓形，名曰『冰糖圓蹄』。」此外，當下流行的周庄萬三蹄、豬八戒踢皮球等創意菜，皆冰糖蹄膀之流亞。至於目前在台灣紅透半邊天的萬巒及美濃豬腳等，我曾撰文介紹過，在此就不多贅述了。

　　蘇造肘子則是一道清宮菜。據（清宣統）帝溥儀弟媳婦愛新覺羅‧浩撰寫《食在宮廷》一書的說法：「此菜是由蘇州著名廚師張東官傳入清宮。清宮膳單上的所謂『蘇灶』[3]，說到底，全出自張東官所主理的廚房。蘇指蘇州，灶指廚房。本來，地方菜少滋味而多油膩，張東官深知這一點，進入清宮以後，他掌握了皇帝的飲食好尚，因此他做的菜頗合皇帝的口味。菜味多樣而又醇美，『蘇灶』遂譽滿宮廷內外。直到現在，北京民間沒有不知『蘇灶』的。流行於北京民間的『蘇灶肉』和『蘇灶魚』等，都是張東官當年傳下來的。」

　　在製作此菜時，「先將豬肘子洗淨，用火燎淨毛」；接著「鍋內倒入

---

[3]　遍查故宮博物院御膳房膳底檔，均作「蘇造」二字。

◎ 常見的周庄萬三蹄

香油，用大火燒熱，把鍋從火上撤下來，放入豬肘子，炸至色黃」；然後「在另一鍋內倒入清水，放入甘草。放甘草是爲了除去豬肘子的異味，但放多了味苦。接著加入蘿蔔、陳皮、鮮薑和豬肘子，用中火燉一小時出鍋」；最後「把燉過的豬肘子放入砂鍋內，加醬油、冰糖、香蕈、油、蔥、鮮薑和適量水，用中火煨一小時，至湯盡時，即可供膳」。根據她的說法，此菜十分名貴。「具有回味無窮，百吃不厭的特點」。雖用的冰糖份量不多，仍可視爲冰糖肘子所衍生出的流派，體系分明，饒富滋味。

而在所有白煮的豬腳菜餚中，當以粵菜的白雲豬手在台灣最享盛譽。

這道白雲豬手，乃廣東傳統的風味名菜，它有個令人發噱的傳說：相傳在古時，廣州白雲山上有一寺院。某日，住持下山化緣，小沙彌欲嚐葷腥，偷偷弄得一隻豬腳[4]，下鍋熟煮。豬手初熟，正待入口，不巧住持回寺，少沙彌怕被責罰，連甕帶肉，拋入溪中。次日，有一樵夫路過，見它並未腐敗，便攜回家中，蘸調味料而食，覺其皮脆肉爽，確實好吃。於是這種以冷水泡熟豬手再蘸料吃的方法，很快在市井傳播，再經良廚們改

---

[4] 粵人稱其爲豬手。

◎ 廣東傳統的風味名菜：白雲豬手

進，更加甜酸適口，終成嶺南名菜。又，此菜因源自白雲山麓，遂得此名。今港、澳一些小館，仍以此餚為號召。據說最考究的，必用白雲山上的九龍泉泡浸，「極甘」，烹之有金石氣。

白雲豬手在製作時，須經過燒刮、斬小、水煮、泡浸和撒料等五道工序。即先去淨蹄甲、豬毛，接著放進沸水中煮，以清水沖漂，斬成小塊後，續以滾水煮，再撈出沖漂；三度用沸水煮至六成軟爛；最後置入燒沸過濾的調汁中醃漬六小時，撈起盛盤，撒上用瓜英、錦菜、紅薑、白酸薑及酸蕎頭製作的五柳作料即成。相當耗時費工。

此餚的特色為：肉質爽而不柴，入口腴而不膩，五味雜而不紛，頗能引人食欲，其能風行至今，確有可觀之處。

▌原汁調味，入口即化的美味鮮甜

比較起來，台灣的白煮豬腳，重在原汁原味，很少花俏別裁，南北均有佳品，可謂相得益彰。北部以基隆最盛，先由夜市的「紀家豬腳」獨領風騷，但後出的「豬腳林原汁」滋味更棒，只是僻處一隅，聲名不如前

者。至於南部的，必以屏東縣里港鄉的「文富」最擅勝場，若論聲勢之盛，應可與萬巒豬腳並駕齊驅。

「文富」原本是市場裡的小攤子，自做出名後，便申請專利商標，其後宗枝別傳，無不打著乃父的招牌，分店接連開設。打從街口望去，實在搞不清哪一家才是正牌的。我嚐過好幾家，味道都很接近，一時難分軒輊，顯然各得真傳。不過，自舊街拓寬後，這種「正宗老店」林立的盛況，便已不復存在。

店家專取豬前腳，以巨鍋大火煮熟後，改用文火慢燉幾個小時，肉靡而透，皮滑不膩，置於大鋁盆中，食前先川燙，再斬成小塊裝碗，隆起像座小山，清香之氣四溢，做法看似簡單，難在火候得宜，讓人頻動食指，紛紛以箸猛夾。而煮後的豬腳高湯，正是下餛飩的好湯底，浮油盡數撇去，湯汁芳鮮帶清，是以此二物齊名，乃行家必點之佳品。

又，豬腳的肉皮不上色，「佐料亦不用醬油與冰糖，僅用鹽、酒、蔥白，此即《武進食單》所稱的「水晶蹄子」，一名水晶肘子。據已故美食大師唐魯孫的回憶，北京西北城外的什剎海，靠近後海有家叫「會仙堂」的飯莊子，高閣廣樓，風窗露檻，是晚清名公鉅卿的流連之所，時有文酒之會。其製作的水晶肘子，曾得張香濤（之洞）的品題，「認為潔淨無毛，濃淡適度，凍子嫩而不溶，可以放心大嚼」，經他此一讚譽，水晶肘子頓成其名餚，如織食客，莫不點享。這款嘉製，我尚無福過口，但嚐過台中「老闆廚房」所製作的上品，色呈雪白，刀工細致，皮爽肉脆，片片宛然透亮，蘸其獨門醬汁，入口融化無跡，誠為消夏聖品，一再陶醉其中。

荊楚名菜之一的罐煨蹄花，亦是白煮中的佳構。此菜原為莊戶菜，是

農家下田前，將食材下入瓦罐裡，置灶膛火灰中，歸來餼成，噴香撲鼻。現則改用炭火盆煨製。由於製作方便，文火攻堅，故能原汁原味，糯爛醇美。已與罐煨狗肉、罐煨牛肉齊名，號稱荊門「瓦罐菜三絕」。

此菜先把豬蹄整治洗淨，切成小塊。再煸至水乾，下各調料炒至入味，加湯燒沸，撇去浮沫。接著洗淨瓦罐，下煸炒過的蔥、薑、大茴香，墊豬骨，再倒入連湯的蹄花，以紙糊住罐口，置微火上煨，約三、四小時即成。尤須注意者，為罐內油面沸時，以不沖破紙為度，且裝盤供食之際，可撒胡椒粉、蔥白絲，更能增美添味。

又，白水滾煮、冷盤供食的名菜中，成凍狀的鎮江肴肉，堪稱無上妙品。其精肉色紅，香酥適口，食不塞牙，肥肉去脂，食不膩口，吞嚥即化，佐薑絲、香醋而食的滋味，每令眾生為之傾倒不已。

此江蘇傳統名菜，一名水晶肴蹄、肴蹄、凍蹄、硝肉，在鎮江已有三百多年的歷史，雖有錯放硝及八仙之一張果老食之而甘的說法，純屬無稽之談。其實，此菜明已有之，天下第一奇書《金瓶梅》第卅四回，即有「水晶蹄膀」一名。且《食憲鴻秘》的「凍豬肉」及《調鼎集》的「凍蹄」，主料雖與今日鎮江的相同，唯配料、製法均不同，故名雖相近，但味道絕大不同，只是其凍味萬端，在此且附上一筆。

肴肉的製法為：豬蹄整治乾淨，剖半剔骨，抽去蹄筋，皮朝下平放案板上，以鐵扦在瘦肉上戳數個小孔，用鹽和硝水醃製，醃製的時間和用鹽量則因季節而異。醃好後，入冷水浸泡，漂洗乾淨，入鍋加香料與大火燒沸，改用文火續煮，上下翻身，煮至九成爛，出鍋，裝盆加壓畢，舀入「老滷」汁，沖去盆內油滷。最後把鍋內湯汁去油，舀入盆內，經冷凍後即成。成品紅白相間，直如瑪瑙鑲嵌白玉。

又，肴肉根據肉之部位及肉質不同，形成特殊狀貌，上桌各有名目。如前爪肌腱，切片呈圓形，其狀似眼鏡，特稱「眼鏡肴」，食之筋柔纖細，口感極佳；前蹄爪邊的肉，切片則呈玉帶鉤狀，稱「玉帶鉤肴」，其肉甚嫩；前蹄爪上肌，肥瘦兼具，名「三角稜肴」，食味頗美。至於後蹄瘦肉中間的那條細骨，號稱「添燈棒」，乃老饕們的最愛，交情不夠或機緣不巧，就無口福細品其中味。

有首讚美肴肉的詩云：「風光無限數金焦，更愛京口肉食饒。不膩微酥香滿溢，嫣紅嫩凍水晶肴。」既點明了它的色、香、味、形，同時拈出其酥、Q、鮮、嫩，能獨具一格。我特愛其細結而香、色澤明艷及光滑晶瑩，取此與風雞搭食，堪稱絕配。佐以黃酒，相輔相成。

另，白煮豬蹄尚有一名菜，深受老北京人的喜愛，此即燒肘。此菜先將肘皮燒燜，再經白煮而成。其最難者為燒，把去骨帶皮豬肘，直接用鐵叉子叉好，放在火苗上晃動，這就是燒，燒時要將豬肘不斷地翻轉移動，務使肉皮受火均勻，待整個肉皮變成金紅色，散發出香味，且上面起一層小泡，便已燒得恰到好處。接著放在溫水裡泡，刷去皮，肉皮色呈金紅，再放到清水鍋中煮。煮熟後連皮切成大片，裝盤登席。食時蘸醬油、蒜泥、醃韭菜花、醬豆腐汁、辣椒油等調料吃，香濃郁，金相玉質，極具風味。

▋下酒菜香氣四遠馳名

北京人另愛一個「盒子菜」，此乃熟食冷葷中的下酒菜──醬肘子。據近人崇彝《道咸以來朝野雜記》寫道：「西單有醬肘鋪名『天福齋』

（即『天福號』）者，至精。其味既爛而味醇。」殊不知其肉之所以爛，倒是有一段古。

起初該號的醬肘子，與他店所售者，並無不同。有天，輪由少東家劉抵明幫著看鍋裡的煮肘子，而年幼的他，竟沉沉入睡。待醒來一看，已塌爛鍋中，他可嚇壞了，瞞著大人們，將軟爛如泥的肘子放涼，想要魚目混珠。恰好一刑部小吏路過，便把這些肘子買去。待回家吃罷，覺得味道不錯，第二天又派人來買。然而，爛肘子已售罄，他嚐過「正常」的，風味大不如前，便指明要前一天那種。於是少東向老掌櫃和盤托出，店東喜出望外，便按「失誤」之法，更加精心製作。成品不僅小吏滿意，而且口耳相傳，招來不少達官貴人。「天福號」的醬肘子從此譽滿京華，甚至傳入宮廷。據說慈禧太后亦食過其醬肘子，愛不釋口。即使是一向茹素的瑾妃，亦送口品嚐。於是乎光緒的帝師翁同龢，曾爲「天福號」寫過牌匾；狀元郎陸潤庠亦題寫過「四遠馳名」的譽匾。

又，依「天福號」的老師傅盛灝春的回憶，他已故去的師傅盛素海，生前就曾赴清宮，送過多回醬肘子，溥儀或因而嚐過其醬肘子。等到溥儀於一九五九年特赦後，這位末代皇帝，還騎著自行車前來買醬肘子哩！

《調鼎集》中另有「醬蹄」及「熟醬肘」這兩道菜。前者於「仲冬時，取三斤重豬蹄，醃三、四日，甜醬塗滿，石壓，翻轉又壓，約二十日取出，拭淨懸當風處，兩日後蒸熟整用」，後者則「切方塊配春筍」。不論就製法及吃法觀之皆與天福號的醬肘子相去遠甚。

除此而外，可與豬蹄同煨的食材，《調鼎集》裡亦舉出魚膘、筍、鰲、醉蟹等多種，手法亦與用蝦米者大異其趣。其運用之妙，足以讓人大吃一驚，讚歎不置。

◎ 北京人熟食冷葷中的下酒菜——醬肘子

　　最後要提的是寧夏風味的名菜丁香肘子，以為本文之殿。此珍饌由銀川市「同福居大酒樓」的名廚霍林泉所創製。霍本是慈禧太后御用的廚師之一，自一九三一年起，在「同福居」主理廚政，以丁香肘子及子肉等名世，丁香肘子尤受顧客歡迎。一九三九年初，蔣介石、宋美齡伉儷抵銀川視察時，特地嚐了此菜。歷數十年來，其盛譽始終不衰。

　　丁香肘子在製作前，先整治好豬肘，入鍋煮至六成熟取出，瀝乾水分，抹上糖色（醬色），在豬皮上改刀切成菱形塊（皮仍保持完整），皮朝下裝入碗中。接下來加丁香、八角、蔥、薑、蒜、肉湯、鹽、酒，上籠蒸至酥爛，取出，扣入盤中，把滷汁注入鍋中，燒沸，下濕澱粉少許勾薄芡，澆在肘子上即成。此菜香濃特甚，肉質酥爛，肥而不膩，腴鮮適口，堪為近世肘子菜的壓軸之作。

　　走筆至此，尚未道盡肘子菜之妙，盼異日有機會時，再與諸君聊聊一些罕為人知的蹄膀美饌，既可滿足口腹之欲，亦能提升精神層次，兩相結合，不亦快哉！

豬事大吉火腿篇

記得三十幾年前、家住霧峰、台中時，我猛啖火腿之多，堪稱前半生之最。其時，姨丈在嘉義縣教育界炙手可熱，賓客盈門，賀禮山積。所有禮物當中，最常見的乾貨就是整只火腿。由於他不會處理這玩意兒，家母倒是能燒一手好菜，善烹各式各樣乾、鮮食材；因此，他每到省府教育廳開會或洽公時，必攜贈一、二只火腿，順便飽餐一頓。我們幾個小蘿蔔頭自然跟著受惠，吃了好些火腿珍饌。此外，火腿實在太多（每月至少一只），在運斤猛斫後，自家日常受用，無論蒸燉煨燜，還是攛割細片，仍多到吃不完，便分贈親友們。這段美好時光，約莫七年光景，現在回想起來，往事歷歷在目，其味雋永無窮，猶覺舌底生津。又，姨丈當年所攜來者，為嘉義「萬有全」所製造的精緻上品，此火腿馳名全台。

▌火腿的起源

關於火腿的起源，咸認為始於宋代抗金名將宗澤。宗澤因而被業火腿者奉為祖師爺。其說法不一，試為諸君們一一臚列。總之，不外由他發明或請其鄉親們醃製而成。

◎ 北宋抗金名將宗澤被火腿業者
　奉為祖師爺

一、宗澤家鄉（調州義烏人，今屬浙江省）的鄉親們，爲慰勞其抗金
　　之師，送來許多新鮮的豬腿，宗澤怕肉壞掉，便在肉上灑了一層
　　硝酸鹽，遂醃成火腿，備軍旅之用。

二、宗澤將家鄉的鹽醃豬肋條肉攜往汴京（北宋首都開封）宴客，宰
　　相張邦昌食而甘之，問：「此肉何來？」宗澤答：「家鄉肉也。」
　　後對鹹肉改進，選用豬後腿之肉當材料，進一步製作出火腿。

三、康王南渡之時，宗澤發兵勤王，以家鄉所醃製的鹹肉供其八千子
　　弟兵食用，充作軍中的副食品，故此鹹肉初名「家鄉肉」，等到
　　得勝歸營，再用此犒賞三軍，因而留下「美不美家鄉肉，親不親
　　故鄉人」之諺。待康王即帝位，史稱宋高宗。宗澤再將之進貢宮
　　廷。高宗見切開的肉緋紅似火，即命名爲「火腿」。此名出自御
　　賜，自然非同凡響。

四、高宗在杭州時，令百官獻山珍海味。宗澤進以家鄉的鹹肉，皇帝
　　食之而美，便指定爲貢品，火腿從而身價百倍，成爲天下名物。

以上所舉四說，皆有失眞之處。不過，火腿創製於宋代，與名將宗澤
有關，倒是不爭的事實。又，宗澤的家鄉義烏屬金華府，該府所屬的金

華、蘭溪、東陽、浦江、永康、義烏等八縣，皆爲浙江省出產火腿的重鎮，故以「金華火腿」爲號，舉世知名。

▎南腿、北腿及宣腿

大致說來，中國的上品火腿不勝枚舉，以長江流域及雲貴高原爲大宗，甘肅的隴西火腿亦是不可多得的精品。自清代以來，質量最好，名號最響的火腿，分別是浙江金華、江蘇如皋及雲南宣威等地，向有南腿、北腿、宣腿之稱。以下且就這三者的特點及滋味等，概括敘述如下：

金華火腿：以當地特產的「兩頭烏」型豬製作，重約二點五至五公斤。其特徵爲爪小骨細，肉質細嫩、皮色光亮、紅艷似火、香味濃郁、形似竹葉。據說它起初的醃腿不是曬乾，而是用火燻乾的，產量極少，專供官家豪門享用。《東陽縣志》指出：「燻蹄，俗稱火腿，其實煙燻，非火也。醃曬燻將如法者，果勝常品，以所醃之鹽必台鹽，所燻之煙必松煙，氣香烈而善入，故久而彌旨。」又，金華火腿的頂級品爲「雪舫蔣腿」，產於浙江東陽縣上蔣村。雪舫乃作坊業者之名。此腿大小適中，修長秀美、皮薄肉厚、瘦肉嫣紅，肥肉透明，不鹹不淡、香鮮甘醇，遂有「金華火腿產東陽，東陽火腿出上蔣」之說。然而，金華本地常吃不到好火腿，其上品均由杭州行銷各地。袁枚在《隨園食單》上便提及：「火腿好醜、高低判若天淵，雖出金華、蘭溪、義烏三處，而有名無實者多。……唯杭州忠清里王三房家四錢一斤者佳，余在尹文端公（即時任兩江總督的尹繼善）蘇州公館吃過一次，其香隔戶便至，甘鮮異常，此後不能再遇此尤

◎ 用來製作金華火腿的「兩頭烏」，
因其頭尾都呈黑色故名

物矣。」可見好火腿確實難得。

此外，杭州集散的金華火腿，以創設於清同治年間的「萬隆」最負盛名，其製品之精工，名馳四遠。至於「方裕和」老店所銷售者，也因選貨道地，確與凡品不同。現金華火腿已遠銷至五洲三大洋，受到各地的廣泛讚譽，殊屬難能可貴。

如皋火腿：主產於江蘇省的如皋、泰興、江都等地，以當地特產的「東串」型豬製作，重約四至七點五公斤。其特徵爲皮薄爪細，肉色紅白而鮮艷，肉質緊實而乾燥，形似琵琶且梅雨季節不易回潮，皮色亦不因室氣潮溼而變白。其起源爲十九世紀八〇年代，有一浙江蘭溪的商人來到蘇北如皋，見當地的豬品種好、產量多，便試製火腿，獲得成功。其成品比起金華本尊所產者雖較乾些，但勝在臘香濃郁。故《清稗類鈔》云：「北腿首稱如皋。」足見名號極響。

宣威火腿：主產於雲南省的宣威、騰越、楚雄等地，又稱榕峰火腿、雲腿、宣腿。重量爲七點五公斤左右，最爲肥膘壯碩。其特徵爲皮面呈棕色，腿心堅實，紅白分明，回味帶甜。據《清稗類鈔》的說法：「宣統時，有自滇至滬（上海）者，賫以贈盛杏蓀（即盛宣懷），禮單有『宣

◎ 片切的如皋火腿

腿』二字。盛不悅，蓋觸其名也。然盛喜食此腿，幾於每飯必具。」即使其名觸忤盛公，但仍照吃不誤，可見其味極佳。關於此點，已故的散文大家梁實秋能道其詳，指出雲腿較金華火腿為壯觀，「脂多肉厚，雖香味稍遜，但是做叉燒火腿則特別出色」。抗戰時間，有次張道藩召他飲於重慶的「留春塢」，其叉燒火腿，「大厚片烤熟夾麵包，豐腴適口，較湖南館子的蜜汁火腿似乎猶勝一籌」。其實，雲腿亦可以蜜汁製作成珍饌，關於此點，且容以後分解。

▌火腿的多樣吃法

以火腿入饌，生熟不拘。《清稗類鈔》稱：「食之之法，或清蒸，或片切，或蜜炙，皆專食，亦可為一切餚饌之輔助品。」事實上，其名及吃法甚多，信手拈來，即有以下數端，皆有可觀之處。在此且為諸君述其所由並道其詳。

茶腿：產於浙江浦江縣的「竹葉燻腿」，由於在製作時，另用竹葉燒煙烘燻，故皮色黝黑，具竹葉特有的清香。又，金華地區各縣所產統稱「茶腿」，因其經烹製成熟後，口味鮮淡，肉質鮮香堅實，適合佐茶，故

名。其實，此腿紅肌白里，香不膩口，而好喝兩盅的，亦常取來下酒，以上所舉，乃熟食者。另一種須生食者，乃運往杭州的新鮮東陽火腿。據香港大美食家陳夢因（筆名特級校對，曾撰多本食經）的說法，貯這種火腿的泥缸，上面是用粗茶葉鋪滿作蓋的，也就是「茶腿」命名的由來，在杭州，便可買到今天開缸的新鮮火腿，現片現吃。另，清代最擅製作茶腿的人，為乾隆朝的孫春陽。大學士紀昀除旱煙、烤肉之外，亦愛食茶腿。據姚元之《竹葉亭雜記》的記載，有時僕人給他老人家端上一盤約三斤片好的茶腿，他邊吃邊說，一會兒就吃光了。用它來佐茗，香美又適口。

蜜火腿：袁枚在《隨園食單》中指出：「取好火腿，連皮切大方塊，用蜜、酒煨極爛最佳。」說得甚為簡略。還是伍稼青的《武進食單》說得透徹，拈出做法為：「用火腿上肉一方，放入鍋中，稍稍煮一沸，以去汙沫及其原有之鹹味，取出，批去肉皮，切成薄片，排砌飯碗中，再放入蓮子或荸薺作襯底，澆以蜂蜜或放冰糖屑，用中火燉至極爛。」待扣畢後，「蓋上大盤翻轉，即可上桌，名為『蜜炙火腿』」。目前此菜分別以浙江及雲南最擅燒製，前者選用金華火腿中段質量最佳的一塊肉（俗稱中腰封），用冰糖水反覆浸蒸，另配襯大干貝或鮮蓮子、青梅和櫻桃等燒成，食前撒上糖桂花、玫瑰花瓣屑增芳添鮮，其特點是鹹淡適口，火腿濃香突出。後者則以雲腿與寶珠梨相配，經燜蒸而成，其特點為紅白相襯，芳馥醇郁，甜鹹鮮嫩。

想要燒好蜜火腿，為《隨園食單》演繹的前江蘇特一級烹調師薛文龍，曾就其多年經驗，認為除選料精細外，尚需掌握三則訣竅。其一為寬水慢煮，鹹味易淨，其質鬆嫩，其二是去除湯汁同蜜、酒煨之，然後分批

◎「竹葉燻腿」遠銷海內外

加入冰糖，使甜味滲透，其肉肥而不膩，入口即化；其三乃採取緊酒水煨之，使皮紅亮酥透不碎，促使火腿肉質更紅，得到湯汁自來芡。至於搭配的食材，據他個人的體會，不應以甘配甘，以免膩口，故其相襯者，以南京三草之一的菊花腦（即菊花澇，亦名菊花頭、菊花菜，乃一種多年生宿根性野花，春夏之際，枝繁葉茂，叢叢翠色；金秋時節，簇簇黃花，清香遠逸）為宜，清涼熱血，調中開胃，其味更妙。

不過，台灣的江浙菜館甚少販售此菜，反而在湘菜館風行至今，確實是個異數。原來國民政府前行政院長譚延闓講究甘旨美味，其家廚譚奚庭及曹敬臣等，皆擅割烹之道，號稱「譚廚」。他們對此菜均拿捏得恰到好處，必以蜜汁三成、冰糖七成，上鍋先蒸，待糖、蜜融合之後備用。火方須上鍋蒸到八成火候，再把蜜汁澆上，略蒸個十分鐘，即可起鍋上席。只要蒸得稍久，就會甜膩滯口。尤須注意的是，此菜火腿切塊，滋味厚重，蜜汁甜潤，因而他們絕不屬入火腿肥膘部分，才能鮮嫩適口，盡得腴而不膩之妙。

此外，與蜜汁火腿相近的珍饈為一品富貴。此菜在火腿去皮後，可稍許帶肥，再切薄成片，其片切甚考究，要不鬆不散，更不許連刀。而燒製之時，澆上之木樨蓮子汁，目的在取點清香，早年吃這道酒飯兩宜的佳餚，必搭配荷葉捲，後因陳光甫先生大力提倡，改用去邊吐司蒸軟夾火腿

◎「富貴雙方」，一腴一脆，
相當可口

而食，頗利牙口，大受歡迎。台灣的湘菜館（尤其是「彭園」），好以炸得酥透的響鈴與火腿夾食，號稱「富貴雙方」，一腴一脆，相當可口。

片火腿：為《隨園食單》補證的清人夏曾傳認為：若得到好火腿，千萬不可蜜炙，只須白煮即可，「加好酒以適中為度，用橫絲切厚片（太薄則味亦薄）便佳。湯不可太多，多則味淡；亦不可太少，若滾乾重加，真味便失。煮亦不宜過爛，爛則肉酥脫而味亦去矣。或生切薄片，以好酒、蔥頭，飯鍋上蒸之，尤得真味，且為省便」。事實上，清末杭州菜館即據此創製「薄片火腿」，可謂冷盤雋品，《西湖新指南》一書稱此為「白切火腿」或「牌南」；《調鼎集》則謂其為「熱切火腿」。梁實秋曾云：「我在上海時，每經大馬路，輒至『天福』。市得熟火腿四角錢，店員以利刃切成薄片，瘦肉鮮明似火，肥肉依稀透明，佐酒下飯為無上妙品，至今思之猶有餘香。」此言可謂深得我心。記得數年前，友人自金華攜回好火腿，商請「榮榮園餐廳」製作此菜，其味沉郁醇香，入口鮮腴帶潤，端的是上上品，好生令人難忘。

酒凝金腿：此菜源自南京，在二十世紀二〇年代間，曾盛極一時，類似蜜汁火腿，風味自成一格，其香醇厚雋永，其味介甜鹹間，其形素中帶雅，令人一食難忘。有「金陵食神」或「廚王」之譽的胡長齡長於此菜，經他不斷改進後，堪稱南京菜第一。所著的《金陵美餚經》一書，將之列爲南京特色菜餚一百例之首，其推重可知。梁實秋有幸嚐到此一絕妙美味，撰文指出：「民國十五年多，某日吳梅先生宴東南大學同仁於南京『北萬全』，予亦叨陪。席間上清蒸火腿一色，盛以高邊大瓷盤，取火腿最精部分，切成半寸見方高寸許之小塊，二、三十塊矗立於盤中，純由醇釀花雕蒸製熟透，味之鮮美，無與倫比。」梁氏所食者爲塊狀，胡氏所製者爲片狀，惟均沃以紹興美酒，蒸而食之，其味美亦當如一。

黃芽菜煨火腿：這在《隨園食單》中，可是大名鼎鼎的美饌，經常被人引用。其原文爲：「用好火腿削下外皮，去油存肉。先用雞湯將皮煨酥，再將肉煨酥，放黃芽菜心連根切段，約二寸許長；加蜜、酒娘及水，連煨半日。上口甘鮮，肉菜俱化，而菜根及菜心絲毫不散。湯亦美極。朝天宮道士法也。」文中的黃芽菜即大白菜，酒娘指酒釀；朝天宮在江寧（即南京），建於明洪武年間，道教因源遠流長，以致派別極多，約八十餘派，但主要者爲全真、正一兩大宗，南北對峙。全真派以北京的白雲觀爲中心，不飲酒，不菜葷，不畜家室，是真正的出家人。正一派亦稱天師道，因江西龍虎山張天師的封號爲天一真人而得名。天師爲世襲，故娶妻生子，若非齋戒期，可飲酒吃肉，稱火居道士。朝天宮的道士當然是正一派，才能精究火腿的燒法。

不過，夏曾傳的看法顯然與「去油存肉」不同，他認爲「肉與皮分，一可惜也；去其油尤可惜也」。我比較支持夏說，畢竟，黃芽菜吸足油後，其味更勝。如果嫌湯面太油，只消將多餘的油撇去即可，不須事先即去此一尤物也。另，洪憲皇帝袁世凱每餐必備火腿熬白菜墩，其口福之佳，實令人神往。

金銀肘子：用火腿與豬腿同燒的佳餚不勝枚舉，像《調鼎集》內，便載有「金銀蹄」（醉蹄尖配火腿蹄煨）；「煨二蹄尖」（鮮豬爪尖、火腿爪尖同煨，極爛取出去骨，仍入原湯再煨，或加大蝦米、青荣頭、蟬）；「煨火肘」（火腿膝彎配鮮膝彎各三付同煨，燒亦可）等記載。除此之外，《隨園食單》尚有「火腿煨肉」，《清稗類鈔》亦有「火腿煨豬爪」等燒法。揚州人甚愛在夏日享用此菜，故有「頭伏火腿二伏雞，三伏吃個金銀蹄」之諺。製作此菜時，先將陳火腿及鮮肘子清洗乾淨，煮熟後去骨，再一同煨爛。金蹄香而銀蹄鮮，湯汁濃厚醇郁，有時爲了增香提鮮，會放入整隻雞一同煨製，號稱「金銀蹄雞」，是款超大件珍饈，亦有稱「一品鍋」者。

廣東人燒起這道菜來，更是講究，做法的構思出自廣州「白雲豬手」。火腿肘子及鮮肘子必須分別處理，每煮一次，便用冷水沖透，再煮再沖，沖完又煮。待煮至二肘均爽而不硬，再一同煮至軟爛。如此一來，在工序奇繁下，二肘之皮與肥肉都一點不膩，酥軟而香。這是香港大食家特級校對的得意之作，只要燒這個菜，必不厭其煩地向賓客介紹做法，人們耳熟能詳，但止於欣賞階段，無人願如法炮製。他晚年極少下廚，此法最後隨其仙去，終成廣陵絕響，使人不勝唏噓。

東坡腿：此菜在清中葉曾廣爲流行。據朱彝尊《食憲鴻祕》的說法，製作時，用六斤重的金華好陳腿，剁其蹄爪，腿肉連皮帶骨分作兩塊，洗淨，入鍋煮，去油膩，收起後，再用清水煮火腿，至糯爛爲止。臨吃之際，可再加筍及鮮蝦同燴。由於其酥爛一如東坡肉，故得此名。又，《調鼎集》所載者，爲另二法。第一法之前段製作與《食憲鴻祕》相同，後段則是「臨用加筍段作襯」。第二法的工序更爲繁複，須「切片去皮骨煮，加冬筍、韭菜芽、青菜梗或菱白、蘑菇，入蛤蜊汁更佳。臨起略加酒，裝醬油」。比較起來，最後一法當爲壓軸之作。

當然啦！以火腿入饌的美味，絕不止此。像《調鼎集》中的「筍煨火腿」、「燉火腿」、「粉蒸腿」、「糟火腿」，「火腿醬」、「炒火腿」，「炸火腿皮」；《清稗類鈔》所載的「西瓜皮煨火腿」及特級校對君認爲易做而又美味，既可作日常菜式，也可以饗客的「火腿冬瓜夾」等等，均有其特色。諸君如於此再三致意，要燒出一席味美多元、別開生面的火腿宴，想來應非難事，只待有心發掘。

金華火腿盛名之下，仿冒充數的劣品，自然充斥市面。爲了辨別眞僞，朱彝尊便指出：「用銀簪透入內，簪頭有香氣者眞。」且以香味濃者爲上腿，香氣不足者爲次腿，或醃的日子不夠。目前商品檢驗採取的打籤法，即淵源於此。其法爲在脛股關節附近（稱上籤）、骼骨關節附近（稱中籤）、髖骨附近至荐椎處（稱下籤），以竹籤刺入，拔出即嗅，其佳品須有濃郁的火腿香氣，且亞硝鹽含量每公斤不得超過二十毫克。可見手法一脈相承，今人至今受惠不盡。

又，火腿保管得法，可放三、四年不變質。此一陳年火腿，自然是前面提到的好火腿，其先決條件，則是久掛。上年冬天所製的火腿，必須掛

至翌年的夏天，才有火腿特有的一段香，待時至中秋，大半已售罄。如果頭一年大規模製作，供應至第二年尚有存貨，再掛個一、二年，才是真正陳腿。其道理如同窖藏美酒，每年補充，風口高掛，掛到一定年限，方有好火腿可食。由於早年製腿全用手工，過程繁複，精於此道者不多，以至產量有限。據清人趙時敏《本草綱目拾遺》的講法，凡是金華多腿，陳年者，煮食氣香盈室，入口甘酥，開胃異常，適宜諸病。足見它不僅是食療養生的上品，同時也是行家眼中的珍品，一只難求。

　　末了，在此要提的是，火腿宜順掛（蹄尖垂下），倒掛多油匐氣，而且藏於肉內。只要塗上麥芽糖，加入白糖或與鴨胰同煮，便可去除並免油。又，梁實秋稱醃不好的火腿有一股屍臭味，欲除此一臭味，《調鼎集》內記載一些祕方，像「可切大塊，黃泥塗滿，貼牆上曬之即除」。另，想使火腿汁變老（即陳汁），只要「去盡浮油，加白鹽、陳酒、丁香」即可。用此老汁燒煮，「一切雞、鴨、野味俱可入燒，量加酒料」，但羊肉及魚腥的食材，千萬不可同煮，免得壞了一鍋好湯。而想得鮮味，則先燒一隻雞，此汁一旦煮過，「雖酷暑亦不變味」。吾所不知者，乃當下江浙館好以火腿（瞳）煮全雞湯，是否即取法於此？

今古食香肉大觀

　　在十二生肖中，狗排在第十一，其前爲雞，其後爲豬。而雞與豬，常在成語裡頭和狗並用，像雞鳴狗盜、雞飛狗跳、雞犬不寧、豬狗不如等即是。不過，雞、豬二者，現仍是人們[1]主要的肉食，而介於二者之間的狗，也曾是中國人重要的肉食來源，而且由來已久，只是經過一些演變，就食人口大不如前。

　　關於狗，《禮記》稱犬；《古今注》稱黃耳；《搜神記》稱烏龍、槃瓠；《本草綱目》稱地羊；此外，牠尚有香肉、瞠眼食、無角羊、三六等別名。一般而言，古代將大者稱犬，小者稱狗；現則將之歸爲脊椎動物門、哺乳綱、食肉目、犬科、犬屬動物。目前全世界的狗，約有三、四百個品種，如按其用途，可區分爲獵犬、警犬、牧羊犬、玩賞犬、挽曳犬及皮肉用犬等。據考證，狗是由狼演變而來，不但是人類最早馴化的動物之一，同時充作家畜也有上萬年的歷史，現已廣泛分布世界各地。唯中國自古即有菜狗的飼養。

　　中國人食狗的歷史極久。遠古之時，先民由生食轉爲熟食，他們所吃

---

[1] 不含特定族群，如回教徒。

177

的,可能就是燒狗肉。原來狗被人們馴養後,即幫助狩獵,夜間與人同宿,擔任守夜工作。而先民所居的洞穴,挖有火塘,日夜不能熄火,藉以保存火種,而且夜裡的火光,可以驚走野獸,也許有這麼一回,狗(或老或病或不慎)失足掉進火塘燒熟了,先民取其肉充飢,從此知道熟食的好處。這或許就是爲什麼龍山文化遺址和殷墟裡,均發現大量狗骨,且其骨往往有燒灼過的痕跡。

此外,中國第一部字書《說文解字》內,其〈肉部〉有「狀」字,從犬字,意即「犬肉」;〈火部〉有「然」字,從火狀聲,換句話說,其本意乃燒烤狗肉。後來詞義擴大,引申爲一般燃燒。日後「然」被假借作「然否」、「然而」的「然」,才另造「燃」字,故「燃」爲後起孳乳、增益偏旁的字。又,〈甘部〉有「猒」字,從甘從狀,意爲「飽也」,其出發點爲吃犬肉而甘,多吃了就飽,飽了就猒,由猒,再產生「厭」,簡寫作「厌」,從而孳生了「饜」字。由上可知,先民可是一直好食狗肉的。

▌歷代「香肉」食法

殷商時期,甲骨文有「犬」字,亦有「狩」字,代表犬是家畜,用在田獵。商朝且有「犬人」之設,把職司獵獲的人,亦冠上「犬」字。另,殷人也用「犬」爲祭祀之犧牲。故殷代的卜辭內,有「燎犬」這句話。「燎」是熟食牲之法,所謂「燎犬」,自然就是燒狗,可見狗既是祭品,也是食品。

到了周代,食狗的文化燦然大備,載諸典籍史冊的,不勝枚舉。像《孟子·梁惠王》:「雞、豚、狗、彘(豬)之畜,無失其時,七十者可

以食肉矣。」《國語》載勾踐欲滅吳，在十年生聚教訓時，「生丈夫，二
壺酒，一犬；生女子，二壺酒，一豚（豬）」，食用狗的地位，尚在豬之
上。《儀禮‧鄉飲酒禮》：「其牲狗也，烹於堂東北。」等皆是。然而，對
食狗載之最詳的，莫過於《禮記‧內則》。該篇具體提及的吃狗法，約有
以下兩種：

一、**犬羹**：此羹的製法為取用狗肉、五味調料和米屑為原料，先將狗
　　　宰殺治淨，取其嫩肉，連骨切塊，接著入鼎燒煮至八成熟時，加
　　　五味調料，以米屑粉和之，製成羹湯。且在製犬羹時，不能用
　　　蓼[2]，以免味道不協調。

二、**肝膋**：以狗肝一副，狗網油若干為原料。烹製之時，先把狗肝洗
　　　淨，並用網油裹包好，接著將其沾溼，放在火上燒烤，等到脂透
　　　肝熟，不加蓼即可食用。

此外，該篇認為搭配狗肉食用的主食為高粱。而且在食用時，應先去
腎；同時赤股[3]之狗不食，因為牠脾氣急躁，肉味腥臊，很不中吃。凡此
種種，皆可看出當時吃狗肉的講究與心得，的確非同小可。

漢代食狗成風，應與西、東漢兩朝的開國皇帝有關，影響所及，現在
仍可在其發生的地點，嚐到精美的狗餚。

西漢的開國皇帝是歷史上赫赫有名的劉邦。據《史記》及相關傳說得
知，他老兄的故里為江蘇省沛縣，在其未發跡及擔任亭長的這段期間，常

2　一年生草本植物，生在水中，其味辛香，別名「水蓼」；生在原野，別名「馬蓼」，可供食用、
　　藥用、染料用。
3　一說為股裡無毛，另一說為大腿上無毛、光屁股的癩皮狗。

去叨擾以屠狗為業的樊噲。兩人交情雖深，但劉邦常賒帳，食盡狗肉而不付分文，樊噲不堪其擾，為躲這個無賴，將其肉攤遷去湖東夏鎮（今山東省微山縣夏鎮），劉邦聞訊趕去，但為河所阻，只得乾著急。恰巧河中游來一隻大黿，載他游過河去。一找到樊噲後，樊正愁狗肉乏人問津，劉邦二話不說，抓起狗肉便吃，被他這一攪和，人們紛紛購食，生意出奇地好。此後，劉邦常乘黿過河食肉。樊噲惱黿助劉，乃殺黿與狗肉同煮，不料狗肉更香。等到黿肉用罄，更用其汁煮狗肉，滋味不減，甚受歡迎。因此，沛縣的狗肉，一名「黿汁狗肉」。待劉邦底定天下，樊噲封舞陽侯，乃將黿汁老湯傳給其姪，世代相承不替。其七十六世孫樊懷且在日軍攻占沛縣時，只攜一罐傳家寶「黿湯老汁」。而今，樊家子孫仍以屠狗為業，在沛縣的二十四個鄉鎮，皆有狗肉攤。不過，當地目前所用的黿湯，指的是「原湯」，也就是陳年的老湯。

沛縣的狗肉以涼食為主，食時用手撕而不用刀切。原來劉邦惱樊噲宰殺老黿，便取走切肉之刀，且以亭長之「尊」，命他不准用刀。樊噲無奈，只好用手撕碎狗肉出售，故「沛縣狗肉不用刀」的吃法，一直流傳至今。另，當地狗肉的燒法，係劉邦的御廚所傳下，其法為：先將整隻狗用硝醃製一宵，去其土腥，接著斬大塊入鍋內，加五味、香料等，以大火燒沸，文火燜燒數個時辰，取出拆骨，於置涼後，撕條食用，一名「五味狗肉」。它以顏色鮮亮、清香撲鼻、食之韌而不膩著稱，名歷史學家逯耀東頗心儀此味，曾在徐州等車回上海時，「買了一斤，蹲在路旁雜在候車的人潮裡，吃了」，如此猴急，定屬佳味。

到了公元前一九五年，漢高祖劉邦平定淮南王英布之叛亂，返京途中，經過沛縣故里，宴請家鄉父老，以御廚親炙的狗肉佐酒，酒酣耳熱之

餘，擊筑高歌，賦〈大風歌〉一首：「大風起兮雲飛揚，威加海內兮歸故鄉，安得猛士兮守四方！」慷慨傷懷，「泣數行下」，成為千古絕唱。不料在兩千年後，以喜食狗肉聞名的軍閥張宗昌，人稱「狗肉將軍」。當他在山東軍務督辦任上，印有一本《效坤詩鈔》，內有一首改寫的〈大風歌〉，云：「大砲開兮轟他娘！威加海內時歸故鄉，安得巨鯨兮吞扶桑！」出語鄙俗，倒也有點氣魄，時值全民仇日，因而喧騰中外。此乃後話，暫且不表。

　　無獨有偶，王莽篡位時，身為宗室的劉秀，起兵討伐，終有天下，此即漢光武帝。話說有一次兵敗，劉秀落荒而逃，單槍匹馬，輾轉來到河南省鹿邑縣試量集附近的一間破廟裡，此時餓得發慌，瞥見門外有隻剛被人打死的狗，便偷偷地拖入廟內，找來一個鍋子，剝皮斬塊煮食。待自己吃飽後，將餘肉拿去集上出售。由於烹調得法，狗肉又透又香，很快就賣完了。他得到了些盤纏，立刻縱馬歸隊。等到劉秀登基，難忘此一食狗奇緣，曾在宮中受用。從此之後，試量集所賣的狗肉自然身價倍增，遠近馳名。

　　魏晉南北朝時期，中國食狗之風仍熾。最有名的燒狗肉，出自崔浩的《食經》，名「犬牒法」。其製法為：「犬肉三十斤，小麥六升，白酒六升，煮之。令三沸。易湯，更以小麥、白酒各三升，煮令肉離骨。乃擘雞子（蛋）三十枚，著肉中，便裹肉，甄中蒸，令雞子得乾，以石迮（壓）之。一宿出，可食。」觀其食法，係用狗肉、雞蛋和小麥、料酒滷製後凝結而成。成菜以汁濃而凝，肉酥而鮮、爽滑可口，風味獨特著稱，它也是冷切而食，與今之肴肉、羊羔之吃法無別。

至唐宋間，吃狗風氣驟減，一方面因爲佛教有關[4]，另方面則是據宋人朱弁《曲洧舊聞》的記載：「崇寧（公元一一〇二至一一〇六年）初，范致虛上言，『十二宮神，狗居戌位，爲陛下本命。今京師有以屠狗爲業者，宜行禁止』。」於是宋徽宗下令禁絕。從此之後，「狗肉不上席」，僅明人宋詡在《宋氏養生部》載有「烹犬」、「爐犬」、「煨犬」、「醃犬」等。以上諸法，雖由「習知松江之味」外，且「遍識四方五味之宜」的其母朱太安人「口傳心授」，但可確定當時狗肉已不吃香，以致其他的食籍甚少提及。

然而禁歸禁，愛吃狗肉的，卻不乏其人。其中最有名的例子，分別是宋朝人滕達道，以及清朝人鄭燮，皆有事蹟流傳。

話說滕達道在未發跡前，曾在一僧舍讀書。夜間飢寒，想吃烹犬，於是盜僧之犬烹食。僧人告郡守處，郡守素知滕達道之才，於是命他作詩，並說：「你能作〈盜犬賦〉，就釋放你。」滕一聽大喜，當即賦詩云：「僧阮無狀，犬誠可偷。輟梵宮之夜吠，充絳帳之晨饌。搏飯引來，喜掉續貂之尾；索綯牽去，驚回顧兔之頭。」郡守聽罷大笑，即不問其盜犬之罪，讓阮姓僧人大呼倒楣。

鄭燮，號板橋道人，有「三絕，詩、書、畫」之稱，爲揚州八怪之一，也是個嗜狗肉之輩。由於他的畫「體兼篆隸，尤工蘭竹」，是市場上的搶手貨。然而，清高自重的他，凡富商大亨，只要素行不端，就是出重金購畫，他也不屑一顧。但他自謂狗肉特美，便是販夫走卒有人請他品嚐此味，他必作幅小畫回饋，時人傳爲美談。

---

[4] 佛經認爲狗極汙穢，不應食用。

當時揚州有一風評不佳的鹽商，喜歡其畫，求之不得，雖輾轉購得幾幅，終以無上款而不光采。於是針對鄭板橋的弱點。想了一個妙計。一日，板橋出遊稍遠，聞琴聲甚美，乃循其聲尋訪，見竹林中有雅潔院落，入門後，望見一人鬚眉甚古，端坐彈琴，旁有一童子，正在煮狗肉。板橋大喜，逐對老人說：「你也愛吃狗肉嗎？」老人回道：「百味唯此最佳，他你也識得好味，就請一起品嚐。」二人未通姓名，大吃大嚼起來。吃罷，板橋見其牆上空蕩蕩的，便問：「為何沒有字畫？」老人故意吊他胃口，說：「沒有夠水準的，聽說這裡有個叫鄭板橋的，很有名氣，但我未見其畫，不知真的好嗎？」搞得鄭板橋躍躍欲試，笑著說：「我就是鄭板橋，能為老兄作些字畫嗎？」老人接著道：「好啊！」乃出紙若干，板橋一一揮毫。畫完之後，老人說：「賤字某某，可以落款。」板橋遲疑一下，說：「此乃某鹽商之名，老兄怎麼也叫這名字？」老人便說：「老夫取此名時，那鹽商還沒出生？同名又有何妨，何況清者自清，濁者自濁？」板橋遂不疑有他，一一署款而別。

　　第二天，鹽商宴客，特地請知交邀請鄭板橋。板橋望見四壁皆懸自己的作品，仔細一看，都是出自昨天的手筆，才知道那老人是受鹽商的指使，方知受騙，即使追悔不及，也無可奈何了。

俗諺中的香肉

　　而今，除了吉林省的朝鮮族外，中國的粵、桂、黔一帶，依然盛行吃狗肉。老廣尤其愛煞，將牠稱為「香肉」，並有「伏狗多羊」，「夏至狗，無路（處）走」以及「狗肉滾三滾，神仙企（站）不穩」等俗諺。另，

清代《廣州竹枝詞》中有人詠道：「響螺脆不及蠔鮮，最好嘉魚二月天。冬至魚生夏至狗，一年佳味幾登筵。」可見他們早年不但愛在三伏天吃狗肉[5]，且狗肉是可上筵席的，這誠與中原一帶，以往把狗肉充作隆冬食補之品，是有很大差異的。

又，關於夏至殺狗，乃戰國時期的習俗，載之於《史記》。當秦德公初即位，次年六月，天氣酷熱，他便把盛夏的日子定為「三伏」，讓王公大臣隱伏避暑。可是百姓照樣勞作，冒烈日，頂風雨，往往中暑，加上天時不正，疫病流行，奪走不少人命。由於無知，卻認為是鬼神不佑，妖邪作祟。秦德公只好按傳說行事，下令殺狗禦蠱。因為狗為「陽畜」（金畜），能辟不祥。於是後世人們上行下效，在夏至初伏時紛紛殺狗，並將其支解，縣掛在城門上。此即《史記》寫的：「秦德公始殺狗磔邑四門，以禦蠱菑（災）。」待夏至殺狗約定俗成後，善食的廣州人，自然借題發揮，乃將原本的目的，轉化為大快朵頤、口腹之惠。然後總結出「冬至魚生夏至狗」的食經，再概括成「魚生狗肉──不請自來」的歇後語，實在很有意思。

另，中國當下的著名狗饌，除先前提到的江蘇「沛縣狗肉」，河南「試量集狗肉」外，尚有廣東的「臘味狗」、「狗肉煲」、「雷州白切狗」、「沙井燉乳狗」，海南的「火鍋狗肉」，安徽的「岳毛狗肉」、「宿縣的滷狗肉」，以及廣西的「靈川狗肉」、「花江狗肉」和「鉛山狗肉」等，均有濃郁的地方特色風味。除此之外，吉林還有「狗肉席」、「狗肉補身湯」和「拌狗肉脆」（用狗的心、肝、肚、腸、腰等煮熟切片，配料拌成）等

5　而今秋末亦食。

名餚。

狗肉纖維細膩鮮嫩，號稱有羊肉的嫩，兔肉的香，雞肉的鮮美，以仔狗入饌最佳。在製作時，最宜用砂鍋燉、燜，質地酥爛，肉香湯醇，亦可煨、煮、燒，還能滷煮拌食。但狗肉通常有一股土腥味，須在加工烹調時除去。其法一般是把狗肉放在清水中浸泡數小時取出，再用清水充分洗淨，投入沸水鍋內，加薑片、蔥段、花椒、黃酒等料煮透即可。而爲使味道更美，也可在烹調中或烹調後，加些蒜泥、辣椒醬等；至於蘸食，加腐乳汁，甚能提升風味。

此外，一九三六年《北京晨報》刊載的〈漫話狗肉〉一文講：「只有兩廣人懂得狗肉的異香味，現在每逢秋後，酒家、飯店以至街邊大排擋，皆有狗肉煲上市。」事實上，早在先秦時期，《禮記·月令》即有「孟秋之月……天子食麻與犬的記錄。何況狗肉除含有蛋白質等一般性營養成分外，還含有嘌呤類和肌肽及鉀、鈉、氯等物質，且依化學分析，狗肉中含有多種氨基酸和脂類，含熱量甚高，故一直爲嗜狗肉人士的多令進補佳品。

中醫一般認爲，狗肉味甘、鹹、酸，性溫，有安五臟、輕身益氣、宜腎補胃、暖腰膝、壯氣力、補五勞七傷，補血脈等功用。由於狗肉性溫，帶燥熱，多食上火，生痰發渴[6]，故凡陽盛，火旺者不宜食用。如中其毒，清代名醫王士雄在《隨息居飲食譜》謂：「杏仁解之。」倒是對症下藥。此外，狗肉中常含有旋毛蟲等有害寄生蟲，烹調時最好不要爆、炒，一定要煮至熟透，以防感染。又，瘋狗之肉，絕不可食。

---

[6] 此症候叫中狗肉毒。

◎ 狗肉煲，湯濃醇而肉絕嫩。食畢以
唐生菜涮汁再品，滿口芬芳

　　中西食狗觀念大不同，以致鬧了個超級笑話。一八九七年，李鴻章銜命訪英，曾與他並肩作戰的戈登[7]贈以愛犬，紀念往日情誼。不料隔幾天後，收到李的謝函，上面寫著：「感謝您的厚意，這狗的肉好吃，我可吃了不少。」此事馬上轟動倫敦，英人紛紛引為笑談。其實，這正是文化上的差異，如就這位中國權傾一時的欽差大臣而言，食狗古已有之，何必大驚小怪！

　　近年來，台灣全盤接受歐美人士禁食貓狗之議，已立法禁止食狗肉，令許多早年嗜食狗肉之徒，扼腕不已，徒呼負負。有人認為可食之肉甚多，狗既忠誠且殷勤，何必非吃牠不可？這尚言之成理。但有人則認為吃狗肉是野蠻的行為，甚至把歐美那套野生動物的滅絕，全歸咎是中國人好吃，結果以此為理由，予以撻伐及妖魔化，達成禁止國人傳統上吃狗肉之目的，實在引喻失義，直讓人覺得不知從何說起。畢竟，各民族因土宜而食，本無高下之分，只是受風土、習俗、禁忌、烹飪技術之限制，以致所

---

[7] 率領常勝軍攻伐太平天國。

食之物種，基本上是不同的。我原也吃狗肉，並且篤信「一黑、二黃、三花、四白」之說，不論白煮、紅燒或火鍋，曾試過不少，後來之所以戒口，並非爲後一說所囿，而是十餘年前，在澳門的老市集，嚐過一用黑仔狗燒製的狗肉煲，湯濃醇而肉絕嫩。食畢以唐生菜涮汁再品，滿口芬芳，不能自己，心想此生難再，於是自動禁口，而且絕不遺憾。唉！人生在世，曾享尤物，夫復何求！

全雞登盤真精采

猶記得早年看過一則有關雞的札記，內容生動有趣，讀來挺有意思。原來主人請客，端來一隻全雞，客人面面相覷，不知如何下筷？有位客人自告奮勇，站起來說：「小弟不才，自願代勞，爲諸公們分雞。」於是他先將雞頭夾給主人，說聲：「願您獨占鰲頭。」順勢把雞翅分給甲客，笑稱：「願您鵬程萬里。」接著卸下雞胸肉，放在乙客盤內，祝他「胸懷萬丈」。然後將雞屁股分給丙客，賀他「底定乾坤」。末了，則將雞腿納入自己盤中，大聲嚷道：「小弟不及各位德高望重、才高八斗，只能替大家跑跑腿。」善誦善禱，順理成章，舉座歡然稱妙。

▌最重要的禽畜類食材

雞屬鳥綱、雞形目、雉科、原雞屬，乃禽畜類最重要的食材之一。而當今廣泛飼養的家雞，其起源分別是紅色原雞、藍喉原雞、灰原雞和綠原雞。一般認爲紅色的原雞，應爲現代家雞的始祖，主要分布於中國雲南、廣東、廣西南部、海南島和印度，而在東南亞一帶，亦有零星分布。

中國是全世界最早馴養雞的國家，中國人也對雞料理獨具心得，手法

推陳出新，令人歎爲觀止。早在公元前兩千五百年的甲骨文中，就已見到「雞」字。到了商周時期，雞被列入「六畜」之一，在古文獻中，亦有「雞羹」、「露雞」及齊王好食「雞跖（爪）」等記載，足見源遠流長。

以雞入饌，除毛、骨外、雞冠、雞爪都可成菜，即使是下水（即內臟），也能化成道道美味，在在引人入勝。每在過年當兒，都是全雞上桌，即使斬件拼盤，亦得拼成原形。姑不管是拜拜或祭祖，唯有如此，才象徵著吉祥如意。

▌全雞造型菜風貌不凡

而今在台灣，全雞造型菜，在餐桌上最常見到的，分別是「白斬雞」、「鹽焗雞」和「當紅脆皮雞」等，且在此敘述其由來及本末，讓看倌們了解其風貌和不凡的滋味。

上海名饌「白斬雞」，一名「白切雞」，亦即清人表枚在《隨園食單》內所稱的「白片雞」，並將之列於書內〈羽族單〉之首，云：「肥雞白片，自是太羹，元酒之味，尤宜于下鄉村，入旅店，烹調不及之時，最爲省便，煮時水不可多。」由於此書撰寫於清代乾、嘉年間，「白片雞」早已是全大陸均有的菜餚，孤懸於海外的台灣府，自不例外。且特愛食雞的廣東人，號稱「無雞不成席」，整治此饌尤精。目前台灣的「白斬雞」，當以客籍人士最擅製作，其淵源則由粵北的東江地區傳來。

通常在製做「白斬雞」時，宜選未產蛋的小母雞（約兩斤重，如用三黃雞，則以三、四斤左右者爲佳），將之宰殺治淨，去內臟，揩乾，再放入微沸的水中浸燙，需反覆提起數次，倒出腹腔中的汁液，使其內外受熱

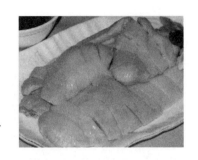

◎ 白斬雞妙在外觀澄黃油亮、皮爽、肉滑、
骨軟，原汁原味，鮮美甘香

均勻，以雞肉剛斷生為度。取出之後，可用芝麻油塗勻，俟色澤油亮即成。其妙在外觀澄黃油亮、皮爽、肉滑、骨軟，原汁原味，鮮美甘香。臨吃之際，再斬塊蘸調味汁。既可整隻雞或半隻雞拼成一盤，亦可光選取雞腿肉部分拼盤再食。

　　粵菜在製作「白斬雞」時，必以廣東省清遠縣所產的石角矮腳雞為上選。此雞具有頭細、腳矮、身短、骨軟的特點，只要烹調得宜，滋味鮮美異常。相傳已故的日相田中角榮，當他年輕時，曾光臨香港的「茂源雞行」，嚐過其畢生難忘的「白切雞」，即使就任首相，仍常提起這檔子事。該雞行的老闆乃清遠人，其所選用之雞，自然就近取材。二十世紀七〇年代初，田中氏以首相之尊親訪中國，當然備受禮遇。國務院總理周恩來知悉此奇緣後，為滿足貴客之需，特地派專人赴清遠的「洲心公社」，挑了數百隻好雞，馬上空運北京，製作雞餚招待。這招果然奏效，田中感動不已，兩國於是正式建交，留下一段佳話。

　　「食在廣州」雖是二十世紀二、三〇年代的往事，但流風所及，廣州人至今愛食如故。只是傳統的做法，已無法滿足這些刁嘴客們，各餐館在時勢所趨下，無不使出渾身解數，先後出現一些別出心裁的「白切雞」，高潮迭起，在二十世紀八〇年代攀至頂峰，如按時間排列，他們依序是

「路邊雞」、「清平雞」、「葱薑雞」，以及重整旗鼓後再出發的「洪壽雞」，眾妙紛呈，好不精采。

「路邊雞」的起源甚早，可追溯至二十世紀五○年代，當時一個名叫譚裔的小攤販，在廣衛路「為食街」裡，開個名為「九記」的消夜檔，專營「白切雞」和粥、麵。由於他製作出來的雞，皮色油亮，原味豐厚，肉質嫩滑，吸引不少粵劇名伶光顧。有天晚上，文覺非、呂玉郎、靚少佳等名伶在卸裝後，相約到此吃消夜。當他們瞧見幾位下夜班的勞工朋友，個個買雞蹲在路邊吃得津津有味的樣子，突然靈機一動，建議譚老闆命名為「路邊雞」。此招牌掛出後，立刻轟動羊城，食客絡繹不絕。

「清平雞」是「清平飯店」的招牌菜，盛名迄今不衰。該飯店於一九六四年創立，起初只是個小飯館，專賣「白切雞」、「油葱雞」、「蒸雞」、「一雞三味」等菜餚。一九八一年時，飯館提升檔次，成為三層樓房的酒樓規模，為求一炮而紅，經理邵干和主廚王源等人，經一再研究後，決定將拿手的「白切雞」和「蒸雞」結合，製作一款前所未有的雞餚。於是研發出一種以白滷水取代清湯，並以原雞湯代替冷水，且採用「白切雞」傳統工藝的雞饌問世，不僅皮爽肉滑，而且味透骨髓，好到出人意表，四方食客聞知，無不慕名品享，生意蒸蒸日上。

「陶陶居」向為廣州老字號酒樓，早在康有為創辦「萬木草堂」之初，即為其撰寫招牌，時為一八九○年。如此老店，卻無獨樹一幟的雞餚，寧非憾事一樁，一九七九年初，酒樓經理張桂生應食客的要求，便與主廚李海商議，以「白切雞」為基礎，試製一款以上湯將雞浸熟，再用冷卻的上湯把雞過冷，務使雞能皮爽肉滑，同時濃郁雞的香氣；接著將雞片安上碟後，在其表面鋪上薑茸、葱絲，並用滾油澆淋，讓葱、薑味滲入雞內，最

後以上等生抽、白糖等與上湯調味煮沸，臨吃再淋於雞面的新創雞餚。由於熱氣騰騰、醇香味厚、爽滑可口，格外誘人饞涎。消息不脛而走，引來無數老饕，遂使「陶陶薑蔥雞」名噪省城，聲徹嶺南，譽滿南洋。

「洪壽雞」之雛形出現最早，二十世紀三〇年代末，即見其踪蹟。其時帶河路有家「奇賣飯店」，專售雞、鵝和臘味飯。店主王根做的「白切雞」皮爽肉鮮，尤美不可言，為了自創品牌，乃命名為「奇賣雞」，紅極一時。一九八四年時，王根的晚輩余秀霞在洪壽街續起爐灶，著意恢復「奇賣雞」。為求更勝往昔，便以花椒、八角、沙薑、陳皮、丁香、甘草、羅漢果等製成白滷水，先加溫至攝氏九十度，再注入適量的黃酒做成湯料，代替清湯浸雞，俟雞斷生，即用冷開水過冷，然後再把雞置原湯內，慢浸入味，使之深入骨髓，以雞香濃醇醇馥、湯有回味著稱。此雞經推出後，市場反應空前，因有別於原先的「奇賣雞」，遂易名為「洪壽雞」，四方慕名的食客，竟多如過江之鯽。

廣州式的「白片雞」或「白切雞」，其變化已如上述，接下來要談的，則是上海式的「白斬雞」。

上海佳餚「三黃油雞」，俗稱「白斬雞」，始於清末，由浦東地區的土菜「汆雞」改良而成，乃一款下酒佳餚。起先製作者為「正興舘」，店家在選料及製做上，皆頗費心思，專用爪黃、嘴黃及毛黃的上好「浦東雞」，汆熟切塊，再拼成整雞上桌；旋以五種不同顏色的調味盤，環列成梅花狀，型式著實美觀，入口則皮脆肉嫩，滋味遠異凡常。這道菜甫經推出，備受饕客歡迎。不僅餐館群起仿效，熟食店也紛紛出售，於是廣為流傳，成為海上珍味。不想百年之後，居然搖身一變，成為寶島最響噹噹的家常菜。

◎ 三黃油雞需以活的浦東雞為食材

「三黃油雞」在選材上，必須用活的浦東雞為食材，但而今在台灣，能用到放養雞便佳。其製作的方法，巧妙亦各有不同，一般為將宰殺去內臟而洗淨的光雞，入鍋中以滾水略燙，俾雞皮緊縮，接著加蔥、薑、紹酒、煮至斷生再取出，放滾水中稍浸即起。是否要抹擦麻油，悉聽君便；蘸料亦可依個人喜好，任意搭配而食。簡單方便，開胃生津，宜飯宜酒，四時皆可常享。

早年上海當地，以「馬永齊熟食店」所烹製的「三黃油雞」最負盛名，顧客盈門，至今仍是該店名品。現則以「小紹興雞粥店」後來居上，食客如織。

▌美味全雞何處享

台北的「白斬雞」，起初由「秀蘭小館」獨擅勝場，待「四五六上海小館」的「三黃油雞」異軍突起後，即取而代之，進而領袖群倫，莫與之京。

接下來要談的粵菜珍品，也是客家傳統名菜的「鹽焗雞」。如追溯其本源，應由「鹽醃雞」演變而來。

據《歸善縣志》上的記載，距今三百多年前，即今惠州市、惠陽縣和惠來縣一帶的沿海，有一大片鹽場。原先只是當地的鹽工們，將熟雞以砂紙（又稱桑皮紙）包好，直接放入生鹽堆內貯藏。不料經鹽醃過的雞肉，別有鹽香味，且隨要隨取，食用極方便，遂廣為流行。然而，鹽醃須掌握時間，過與不及，味均不美。

清代中葉之後，歸善鹽業興旺，大批客商擁至，鹽醃之法供不應求，當地一些菜館的廚師，在幾經改良後，改醃為焗，現焗現吃。由於色呈金黃，加上皮嫩骨香，風味甚為誘人，立刻遍傳遠近，成為席上佳餚，備受食客好評。

二十世紀二〇年代初，「興寧食肆」所售的「鹽焗雞」，爐鑊置於門外。將處理好的嫩雞[1]埋入鑊中已燒至相當高溫的粗鹽堆內，焗約一枝香的時間，待雞熟透，即行取出，拆骨斬塊，以調味汁拌勻，堆放盤中，砌成雞形，再以香菜圍邊。正因其味鮮美，具熟鹽之芳香，且有滋補、益腎、安神之效，由是載譽東江。只是那個年代的「鹽焗雞」，並未冠以「東江」二字，直到興寧人到惠州開飯館子，為了有別於「西江」，才在「鹽焗雞」菜名之上，嵌上「東江」兩字。從此之後，凡是在粵東賣客家菜的店家，無不通稱「東江菜館」。

而今廣州市各大酒樓所販製的「鹽焗雞」，已非傳統的鹽焗法，而是

---

[1] 選快下蛋、約斤把重的肥嫩母雞，宰殺洗淨，去內臟、趾尖及嘴殼，先在翼腹兩側各劃一刀，頸骨上剁一刀，晾乾，用精鹽擦勻雞內腔，並放入薑、蔥、八角末，以砂紙包嚴，再裹一層油紙。

採用速成的水浸法。有人認爲此乃「假貨」，不屑食之。不過，此雞之所以由鹽焗法改成水浸法，據「北園酒家」已故採買張流生前的講述，其中確有一段來歷，說起來還眞有其難言之隱哩！

話說二十世紀三〇年代中期，位於中山四路城隍廟附近的「寧昌飯店」（現「東江飯店」的前身），以善烹「鹽焗雞」著稱。當時各界在此設宴者，打頭陣的美味，非「鹽焗雞」莫屬。說來也具湊巧，時任市府公安局陳塘分局的李姓員警，職位雖甚低，但惡形惡狀，令人畏而厭。他因地利之便，經常光顧「寧昌」，到來之前，必先打電話預訂一隻「鹽焗雞」，最要命的是，雞準備好後，他卻常爽約，造成的損失，又概不負責。店主即便滿腹牢騷，也只有自認倒楣，拿他莫可奈何，深以「人在屋簷下，不得不低頭」爲苦。

某日，他事先打個電話，預訂一桌酒席，並要份「鹽焗雞」，言明晚上七點會同主客一起到，店主照例備辦妥當。不料十點已過，不見半個人影，爲了不致賠本，乃趁還有人用膳的機會，把雞推銷出去。誰知就在此時，李陪主人到來，馬上催菜開席。店主驚慌失措，趕忙跑去廚房，把大夥兒找齊，商量如何應付。廚師靈機一動，請老闆穩住李，他則變個花樣，但求矇混還關。店主十分無奈，只盼能夠應急，乃吩咐多焗製一隻「鹽焗雞」備用。過沒好久，「水浸雞」告成。店主即對李某等人吹噓，表示今夜頭道菜的「鹽焗雞」，將改頭換面，採用新法製作，請他們免費品嚐，並請提寶貴意見。而那隻依傳統焗製的，最後才會上席，務請包涵云云。李某一聽，挺有面子，心中甚喜。

「水浸雞」雖完成，但來不及晾涼，更等不及下刀，隨即以手扒開撕條，拌些許天廚味精、淮鹽，取骨墊底，肉置其上，砌成雞形，佐以沙

薑、麻油、鹽等味料，滿出登席薦餐。李某等人一嚐，感覺分外嫩滑，嘖嘖稱讚不已。並說最後那隻，也照此法烹製。店主聽罷大喜，總算鬆了口氣。自此之後，李某每到「寧昌」吃飯或請客，非得水浸不可。消息一經傳開，他店紛紛取法，「水浸雞」遂當紅，進而取代傳統焗法，一直沿用迄今。

傳統的「鹽焗雞」畢竟非同小可，仍保有其市場，因其所用的配料，為薑、葱和汾酒，還會用生抽塗在雞皮上，使其色澤金黃，更增美艷之姿。大體而言，行家嘴刁，偏愛傳統。目前尚堅持傳統焗法的，首推廣州市的「荔灣酒家」。其所用之雞，必用清遠的。而在製作時，整治雞隻畢，即將粗鹽[2]炒至淡紅色，接著將雞身側放砂鍋中，用鹽密封；先焗十五分鐘，待鹽的溫度下降後，再把鹽炒至一定溫度。反轉雞身，再焗約七分鐘。雖工序繁複瑣碎，但因雞受熱均勻，因而色、香、味俱全，博得行家好評，深受饕客喜愛。

另，廣州市的「海珠花園酒家」，則以盒裝「東江鹽焗雞」而馳名中外。此雞因特別甘香嫩滑，甚受食客歡迎，經常要求外帶，惟只用薄膜背心袋包裝，望之粗糙不堪。一日，有位來自香港人士，特地攜來一只自備的硬盒及瓷碟，裝起來頗別致。師傅反映上去，經理覺得不錯，便設計了一個粉紅邊透明塑料硬碟，方便將雞上碟造型。顧客帶回家後，只清取去外盒，即可直接食用，因而普受歡迎，成為伴手禮品。可見稍動點腦筋，就會有意外效果，盒裝「東江鹽焗雞」之所以能成功，其原因即在此。

此外，由「鹽焗雞」演變出來的美味，尚有「勝利賓舘」的「鹽香

---

[2] 一隻雞用八斤鹽，只能重複使用三次。

◎ 陶陶居酒家的「滋補鹽燉雞」贏得
二十世紀八○年代羊城飲食業中最
成功的創新雞餚之譽

雞」，以及「陶陶居酒家」的「滋補鹽燉雞」。前者走紅於二十世紀五○至
七○年代中期，為該賓館的壓席菜，以皮爽、肉滑、清香及微辣而有名於
時，能令人胃口大開。後者則於一九八七年所舉辦的美食節時，由酒家的
特級廚師劉坤創製。他先以粗鹽藏雞，再用武火隔水蒸燉的手法，烹製此
款比傳統「鹽焗雞」更饒風味的佳餚，並贏得二十世紀八○年代羊城飲食
業中最成功的創新雞餚之譽。其成功的奧祕，在於保持雞的原汁原味，吃
時不用佐料，入口鮮嫩Q爽，味道異常甘美，再加上它號稱對人體有「固
腎培源，滋補養顏」的作用，故食客趨之若鶩，盛名至今不墜。

　　看來「鹽焗雞」由水浸法開始，不斷加入創意，形成種種風貌，各有
特殊珍味，讓人欣喜不勝。

　　早些年台灣餐館所製售的「鹽焗雞」，我所吃過的，以台北市沅陵街
老字號的「新陶芳菜館」最棒，但須趁熱快食，才能盡得其妙，可惜現已
歇業了。另，上海式的醉雞，類似於水浸法，皮爽、肉滑、骨香，須冰鎮
後再食，才能領略風味。位於永和市文化路的「上海小館」，其冷盤的醉
雞，純用雞腿肉，乃其中上品，以白乾或黃酒佐之，夾起痛快落肚，不消
多說，那滋味保證開胃開懷。

除上述的拼雞外，油炸之法，是由中亞經由西域再傳入中土。早在唐代，「郇廚」的「葫蘆雞」，便冠絕一時，迄今仍為西陲名饌。若論起當下整拼的炸雞，必以「炸八塊」及目前當紅的「脆皮雞」為首選，且略述如下：

　　所謂「炸八塊」，又名「炸八件」或「灼八塊」。據愛新覺羅‧浩所著《食在宮廷》的講法：「這個菜是出東萊，明朝末年傳入北京。北方的菜館中，一般都有這個菜。因此，『炸八塊』往往也被看成是中國的常見菜。……此菜為時令菜。每年七、八月的雛雞，正是最可口的時候，極適做『炸八塊』。此菜趁熱食之，別有風味。」我曾翻閱清宮的〈節次照常膳底檔〉，發現乾隆四十四年五月至十月間，御膳房即常供應此饌，足見愛新覺羅‧浩之言不虛。

　　一般說來，「炸八塊」乃將雞治淨，剁去頭、爪，然後分解成脖、兩翅、兩腿、胸脯、脊背（中間斷開）等八塊，掛上調好的糊，待炸透呈金黃色，即行撈出，瀝盡油分，按雞的原形，碼入盤內即成。

　　台灣早年的江浙館子，經常供應此饌，近則不再流行，已罕見其踪迹，可惜亦復可歎。至於「脆皮雞」乃「炸八塊」的粵菜版，約十到二十年前，港式海鮮餐廳在台灣盛極一時，此菜以賣相極佳，加上口感不錯，一度成為宴席的寵兒，通常在終席前推出。我還曾在一個月內，吃過好幾回哩！

　　「脆皮雞」所用的食材，並不是雛雞，而是用重約兩斤的光雞，先以麥芽糖和醋處理過，俟整個乾透，再炸並油淋，成品皮極酥脆且肉嫩多汁，一直是老少咸宜且下酒佐飯的佳餚。台、港、澳有些店家製作者，風味並口感均屬上乘，但排列時較馬虎，甚至拼不成個雞形，以致視覺效果

大打折扣，未免美中不足，確有成長空間。

我甚愛食位於新店市中華路「五福小館」的脆皮雞。除皮爽肉潤外，其形狀及口味俱佳，價錢也不貴，真個是物美而廉，每酌白酒，即思此一尤物。

將原雞斬件拼盤，既考驗著司廚者對火候的拿捏，亦看得出刀工純熟度與拼形的巧構妙思。每當逢年過節或聚餐之時，姑不論白斬、鹽焗或油炸，只要料理得宜，保證盡興而歸，甚至可博得個滿堂采喔！

雞用撕的超美味

約在四、五年前，曾赴伊朗一遊，增長不少見聞。接連數日，均行沙漠，浩瀚無際，十分壯觀。其於飲食部分，則單調而乏味，三餐所吃的，沒多大變化，只是精粗有別而已。最後來到伊斯法罕，它是伊朗第二大城，曾是伊麥王國的首都，人文氣息極濃，建築亦甚可觀，沿河二十餘橋，造型各有面目，很能引人入勝。當天吃罷晚飯，自個兒去逛街，發現一烤雞攤，飄著陣陣香氣。隨即買下一雞，回到房間，自扒自食，那股快樂勁兒，足消旅途勞乏。可惜回教國家禁止飲酒，不然就更盡善盡美了。

▌扒撕雞肉，湯汁淋漓好不過癮

台灣有段時間，電爐烤雞當道，號稱為「手扒雞」，流行好一陣子，但見食客紛紛戴上塑膠套，將烤雞扒開，再撕下來吃，湯汁淋漓，雞香四溢，好不過癮。誰知流行一陣子後，突然銷聲匿跡，現已無處可尋，莫非蝕本難續。

當下還能吃到的窯烤雞，隨車兜售，買回家後，亦撕來吃。這玩意兒與北京的「鍋燒雞」，有異曲同工之妙。嚴辰憶京都詞有一首名〈桶雞出

◎ 是「桶子」雞還是「童子」雞呢？

便宜〉，云：「衰翁最便宜無齒，製仿金陵突過之。不似此間烹不熟，關
西大漢方能嚼。」其下註云：「京都『便宜坊』桶子雞，色白味嫩，嚼之
可無渣滓。」他所謂的「桶子雞」，梁實秋疑係「童子雞」之訛，因製作
此味，要那半大不小的嫩雞方合用。

　　關於「桶子雞」的做法，梁氏指出：「整隻在醬油裏略浸一下，下油
鍋炸，炸到皮黃而脆。同時另鍋用雞雜（即雞肝、雞胗、雞心）做一小碗
滷，連雞一同送出去。照例這隻雞是不用刀切的，要由跑堂的伙計，站在
門外用手來撕的，撕成一條條的，如果撕出來的雞不夠多，可以在盤子裏
墊上一些黃瓜絲。連雞帶滷一起上桌，把滷澆上去，就成為爽口的下酒
菜。」所言大致不差，可看出其脈絡。

　　我個人以為全雞不論用斬（含片、切）的抑或撕的來吃，各有美妙風
味，但用撕來吃的雞，必須熟透，才能應手而脫，味道亦極濃郁。基本
上，此一類型的名品，細數不盡，如歸納起來，不外燒雞，扒雞和燻雞這
三種，風味各臻其勝。

燒雞腴滑香潤

首先就從台灣最赫赫有名的燒雞談起。

我極愛吃燒雞，只要能燒得好，才不管它是道口，唐山、還是符離集的。所住的永和市，其在鼎盛時期，有「豫記」[1]、「梁家」和「唐山」[2]這三家。前二者為道口燒雞，風味各擅勝場，我亦偏愛前者。惜乎「豫記」幾度換手，風味大不如前，「梁家」不知遷往何處，「唐山」早就關門大吉，昔日的三雄鼎立，而今卻斯雞憔悴，實令我不勝欷歔。

幾年之前某日，跑去「天津衛老米食堂」，特地吃「虎皮豬腳」、「罈子肉」、「乾燒魚頭」這幾道拿手菜，赫然發現菜牌上有道「天津燒雞」，饒是我見多識廣，仍丈二金剛——摸不著頭腦。忙請教老闆兼掌杓的小米，難道天津亦有賣燒雞？他則笑稱：「天津根本沒做燒雞，當年家父和永和『豫記』的老闆熟識，因有這層機緣，在他們舉家遷美前，便學會其不傳之祕，由於自己的太太是天津人，為了標新立異，就張冠李戴的賣起『天津燒雞』來啦。」謎題一旦解開，令我恍然大悟。

而今「豫記」的道口燒雞，雞仍腴滑香潤，但其病為太鹹，早非舊時味了。我聽罷大樂，急切盤細品，確有當年「豫記」的味道。連兩、三次過年時，還會弄個兩隻回家大快朵頤哩！

台灣道口燒雞的業者，常掛在嘴裏或寫在店招的典故為：庚子之變，慈禧太后西狩，倉皇逃向西安，途經河南道口，當地臣民獻上特製的燒雞，慈禧食之而覺其味至美，乃指定為貢品，道口燒雞之名，從此揚名中

---

[1] 食家逯耀東認為就台灣的道口燒雞而言，「其味最佳」
[2] 本店在台北的中華商場二樓，主要賣水餃、麵條，兼賣燒雞，但時有時無，吃到得靠運氣。

◎ 道口鎮的燒雞舖甚多，但以創業於
清世祖順治十八年的「義興張」最
負盛名

外。大陸方面的說法，與此出入甚大，指出：「清仁宗嘉慶年間，皇帝南
巡路過道口時，聞異香而神振，隨口問左右說：「何物乃發此香？」左右
皆答：「燒雞。」知縣急將燒雞獻上。仁宗食罷甚美，一直讚不絕口，稱
其為「色、香、味」三絕。從此之後，道口燒雞正式成為清廷御用的貢
品。姑不論其真相究道為何？且聽聽《滑縣志》和當地父老怎麼說。

原來道口鎮的燒雞舖甚多，但以創業於清世祖順治十八年的「義興
張」最負盛名。其「正宗」手藝的由來，居然還有一則軼事，倒非無的放
矢，平白天外飛來。

乾隆五十二年時，「義興張」的老闆張炳，有回在街頭邂逅同鄉姚壽
山，姚曾任御廚，有兩把刷子，便請其傳絕活，提升燒雞技術。姚滿口
子答應，告以十字祕訣，此即「想要燒雞香，八料加老湯」。其所謂的八
料，即陳皮、肉桂、豆蔻、丁香、白芷、砂仁、草果和良薑這八種作料，
並詳細介紹其做法和用量。至於那老湯，當然是愈老愈好，愈陳愈有味
兒。張炳聽罷，如獲至寶，經如法炮製後，果然鮮爛味美，絕非凡品可
及，因而大發利市。

然而，張炳並不以此自滿，從選雞，宰殺褪毛、開膛加工、撐雞造型，到油炸、烹煮與火候掌控、用料用湯等方面，摸索出一整套經驗，其色、香、味、爛，皆膾炙人口，號稱「四絕」。臨吃之際，只要提起雞腿一抖，骨、肉即自動分離。此後，道口燒雞聲名大操，世代相傳[3]，迄今不減其盛，而且後勢看好。

　　在整治及製作時，宰殺手法迥異凡常，須一刀割斷三管（血管、氣管、食道），空乾雞血。接下來的浸燙、去毛、開剝、晾曬等，均有嚴格要求，不能馬虎偷工，最後再添入老湯，並配以祖傳祕方，用鐵箅子將雞壓住，先以武火燒沸，再改用文火燜製，歷五小時而成。其特點為造型美觀，香爛可口，一抖即散，芳香馥郁。故先在一九五六年中國食品展上，被評為名產；一九八一年時，再被評為商業部優質產品，銷往北京、新疆、武漢、貴陽等地。現已有罐頭及鋁箔袋去空包裝。銷往海內外各地，所至之處，有口皆碑，信譽卓著。

　　至於小米的「天津燒雞」，其做法及選料別出心裁，算是另類奇葩。他罕用斤把重的全雞來燒，而是用四分之一帶腿的碩大放山雞燒製，極易卸去其骨，肉質軟中帶爽，切成片狀而食，肉香濃郁四溢，略經咀嚼，淡而醇鮮，餘味不盡，實下酒、佐飯之妙品。讓我扼腕不已的是，好酒的小米，以經營不善，現匆匆謝幕，自其歇業後，已不知去向。

　　其次的山東的燒雞，則自成體系，鋒頭極健。

　　而今在台灣，賣此味以館子多得是，其口感幾全是皮滑肉爽，頗富咬勁，未得正韻[4]。就我個人而言，山東荣名的扒雞（亦名為燒雞，實不盡相

<hr>

3　現為第八代。

4　唯一例外者，乃位於永和中興街的「劉家小館」，其燒雞肉潤而軟，極饒風味，澆汁尤棒，用此

同），更深得我心，且其細嚼無渣滓、酥香透骨髓的滋味，會使人一吃即上癮，流連忘返，好生難忘。

▍燙手扒雞，大快朵頤

基本上，山東的扒雞，以德州的五香脫骨扒雞最負盛名，其歷史由當地開發成功（時為一九○五年）迄今，已逾一個世紀之久，縱非源遠流長，但也有段歲月了。

據後人的查證，此雞的雛形，乃山東禹城農民王明奎於一八八一年無意中發明。到了一九○五年時，德州的「寶蘭齋」開始進一步試製扒雞，惟質粗形劣，上不了檯面。六年之後，當地的「德順齋燒雞舖」掌櫃韓世功等人，認真總結以往製作扒雞的經驗，並汲取禹城五香脫骨扒雞的長處，經過精心鑽研和不斷改進，終於燒製出一款獨特風味且前所未有的五香脫骨扒雞來，上市之後，馬上風靡全城，成為德州著名吃食，並與德州以皮薄、汁多、籽少、如蜜樣甜的枕頭西瓜齊名，號稱雙璧。是以搭乘津浦線火車者，只要經過德州，無不買隻五香脫骨扒雞吃吃，藉此一飽口福。已故的文學家兼食家梁實秋如此，唐魯孫亦然。

唐老曾在鐵道部任職，自言他有一年從上海回天津，火車一過禹城，便「掏給茶役一個大洋，囑咐他一到德州，就出站給我買一隻熱扒雞，兩個發麵火燒來。茶役知道我是部裏的人，多下錢來當然是小費。所以，車停下來，不一會兒就給我揀了一隻又肥又大、熱氣騰騰的扒雞來，並重新

蘸其韭菜肉餃而食，堪稱絕配。

◎ 只要經過德州，無不買隻五香
脫骨扒雞吃，藉以一飽口福

換了茶葉，釅釅的泡了一壺香片來，撕扒雞時還燙手呢！這一頓肥皮嫩肉、膘足脂潤的扒雞，旅途中能如此大快朵頤，實在是件快事。」我見到此一精采的描述後，不覺怦然心動，恨不得比照辦理，好好地享用一番。

德州的五香脫骨扒雞自做出名後，影響所及，已出現了兩個分身，是否青出於藍而勝於藍，畢竟見仁見智，如未仔細品評，無法一言而決。不過，出自安徽省宿縣的符離集燒雞及上海市的侉子燒雞，目前已和源自德州的本尊分庭抗禮、相持不下，似已形成鼎足而三的態勢。

符離集是津浦線上的一個小鎮，其燒雞本名「紅雞」，只是在燒製後，抹上一層紅趨，並無特別之處。二十世紀三〇年代時，有位姓管人氏，自德州遷居至此，帶來五香脫骨扒雞的技術，使紅燒的質量顯著提高，進而有自己的面目。是以火車甫一靠站，就有很多人兜著賣，乘客則買一隻在車上慢慢撕著吃。已故知名食家逯耀東即表示：「我小時候跟家人乘車抵此，總吵著要吃燒雞。」足見其盛況。

此燒雞的獨到之處，在於將雞宰殺治淨後，塗上飴糖，再用油炸，然後用十三種香料滷煮，以小火回酥即成。妙在香氣濃郁，味道鮮美，肉爛

而絲連，啃骨有果香，難怪備受行家青睞，已遠銷至南洋一帶。一九九二年時，「福佳牌」符離集燒雞還在香港所舉行的國際食品博覽上，榮獲金牌獎。聲名亦因而遠播五湖四海。

台灣早年即有符離集燒雞販售，打出「帝王雞」的名號，開在忠孝東路上，或許因價錢太貴，生意始終未打開，後來還是沉寂了。比較起來，逯耀東喜食的符離集燒雞，還是「在仁愛路屋簷下推踏車賣滷菜的老傅」。老傅是「道地皖北人，他的燒雞的確有符離集的味道」。逯老甚至為他掛保證，指出：「我別無長才，唯對吃這一道，祇要味道好，吃過一次後，事隔多年仍記憶猶新，所以我還能記那種味道。因此，我成了老傅常客。」可惜自老傅退休後，那碩果僅存的符離集燒雞，在台北也變成廣陵絕響囉！

上海名品的「侉子燒雞」，其原創人劉培義原本在徐州經營並製作「德州五香脫骨扒雞」的生意，後改赴上海發展，為了自創品牌，乃結合中國三大著名燒雞（即德州、符離集與道口）之長處，形成自家風格，確有獨造之境，深受食家推崇。此燒雞除造型美觀、肉質鬆軟、清香不膩、味美爽口外，更以選料精、加工細、上色好、燒得透這四大特點而著譽食林，現已蜚聲國內，顧客盈門。

當下台中的「老關廚房」，即以山東扒雞著稱，其手法雖未臻「德州五香脫骨扒雞」肉嫩骨酥、味道醇美，一經抖動、骨肉即脫的最高境界，但其做工細、滷入味、焙得久、炸得勻、爛不糜等技藝，已庶幾近之了，而其鬆脫腴軟及酥香帶脆的口感，尤扣人心弦。

此外，店家的山東燒雞和四川椒麻雞，亦膾炙人口，皆撕來吃。前者爽腴兼備，雞香蒜香融合，搭配黃瓜而食，深奧且富風味；後者緊實有

◎ 四川椒麻雞緊實有勁，時釋花椒馨香，
　麻辣仍具雞味，亦是開胃妙品

勁，時釋花椒馨香，麻辣仍具雞味，亦是開胃妙品。有趣的是，這三雞既
適合大嚼，同時亦宜小品，佐飲白乾而食，更可得其風神。

　　末了的燻雞，乃燒雞、扒雞而外的無上妙品，撕著下酒吃，品其煙香
氣，既勾人饞蟲，且不亦也哉！

▎燻雞風味獨具

　　中國最有名的燻雞，分別是山東聊城的「鐵公雞」和廣州的「太爺
雞」。前者用木屑燻，後者以茶葉燻，各有顯著風味，贏得饕客讚譽，且
為看倌一一道來。

　　聊城的燻雞，始於清嘉慶十五年（公元一八一〇年），首先創製者，
為縣城北關的魏姓人家，故又稱「魏家燻雞」。到了清道光年間，因其風
味獨特，行銷至浙、皖、贛、閩、粵諸省，成為當時人們的貴重禮品，得
者視若拱璧，大享盛名迄今，實為食林譜下一頁傳奇。

　　一九三五年時，蕭滌非教授以此雞招待名作家老舍。老舍見其免澤

◎ 聊城的燻雞，首先創製者為縣城北關的
　魏姓人家，故又稱「魏家燻雞」

褐豐油亮，好像生鐵鑄成的雞，不覺脫口叫出：「鐵公雞。」由於形神俱肖，而且生動有趣，很快傳遍千里，走紅大江南北。可見名人加持，大有助於行銷。

此雞在製作時，只選一年生的肥嫩童子（公）雞。先宰殺治淨，置清水中，稍浸即起，揩乾水分，直接窩盤雞形，在雞身上糖色，放入旺油鍋炸，一上色便撈起，隨即擺進內含丁香、肉桂、白芷、砂仁、精鹽等十餘種作料的白滷水中，煮燜至熟。最後把雞放在已點燃的松、柏、棗木等鋸末的鐵鍋中。蓋上葦席鍋蓋，燻上兩個時辰，即可大功告成。

「鐵公雞」直接品嚐固然不錯，但蒸過後再享用，尤有特殊風味。知味之人，絕不用刀切塊，而是用手撕著吃。撕成一條條的，乾香突出，柔中帶韌，愈吃愈有味兒。

和「聊城燻雞」齊名的，尚有山東「禹城燻雞」與遼寧的「溝幫子燻雞」。它們一直是北地胭脂（即深色系）的代表作。

在南國的佳麗（即淺色系）中，「太爺雞」堪稱獨步。原來在清末

◎「周生記太爺雞」吸引識味之士，
時稱「廣東燻雞」或「太爺雞」

時，籍隸江蘇的周桂生，曾擔任廣東省新會縣的縣令（即縣太爺）。辛亥革命之後，他丟了烏紗帽，跑去廣州糊口，爲了維持生計，開了家小飯館，專賣獨門燻雞（用廣東的信豐雞製作），頗受食客歡迎。在標新立異下，他懸掛「周生記太爺雞」的招牌，吸引識味之士，時稱「廣東燻雞」或「太爺雞」。一時之間，省城及港、澳的餐館、排檔，紛紛仿效其法。競相推出「太爺雞」，造成一股風尙，蔚成食林奇觀。

二十世紀七○年代時，此燻雞曾沈寂一段時日。直到一九八一年時，周的曾外孫高德良重操舊業，再設「周生記」食攤，「太爺雞」因而重見天日，大受嶺南及港、澳地區食家的好評，謂其古風再現。

目前製做「太爺雞」的手法爲：活雞宰殺洗淨，入沸水中略焯，取出置入精滷水（即新滷水與老滷水兌製）內，以大火煮半小時，至八成熟時取出。鐵鍋內鋪上錫紙，放些香片茶葉、廣東土製的片糖屑（即黃糖

211

粉）、米飯，再將雞架於鍋架上，密封鍋蓋，大火蒸至冒黃煙，擺個片刻即成。以色澤帶紅、光潔油潤、肉嫩醇香而見重食林。

　　台灣最擅製作燻雞的店家，早年也只有台北信義路的「逸華齋」一處，質味俱佳，「價錢也很豪華」。後來其伙計自立門戶，在忠孝東路開了家「仿逸齋」，傳承其藝。只是「逸華齋」後易名為「信遠齋」，仍以燻雞大享盛名。十餘年前，此雞色呈棗紅，皮滑肉嫩，骨髓帶香，味醇而正，即使售價特昂，我亦常去品享。而今業已轉手，品質未臻完善，我自然裹足不前，不復前往了。

　　以往燒雞、扒雞和燻雞流行時，我常買整隻或半隻回家，剁或拍碎些小黃瓜墊底，慢慢撕著雞，一條條呈現，其上覆些香荽，先放冰箱裡。臨吃之際，澆點蒜蓉汁，先吮其骨，再食其肉，夏日搭配啤酒，冬日就著白乾。一人悄悄地吃，「自斟自享自快活」，眞個是「逍遙似神仙」。而今好雞難得，往日情趣不再，只能將此等快意，長留內心深處啦！

全方位食鼠趣談

　　二〇〇七年風靡全球的賣座動畫片《料理鼠王》，片中老鼠小米燒出的大菜，就連法國的大廚也不得不佩服。法國保守報紙《世界報》的影評人托瑪・梭提甚至評道：「這是電影史上最偉大的一部烹飪電影。」儘管本片的佳評如潮，但當下人們或許已淡忘，老鼠本身即是佳餚，嗜此味者，古往今來，大有人在。

　　在十二地支中，以子年為首，子年的代表即是鼠。關於鼠之所以能在地支中居首，自古就有不少傳說，只是這些傳說，純屬附會無稽。然而，如單就繁殖能力觀之，老鼠得居首位，倒是無庸置疑，根據統計資料，一對家鼠在一年內，就可以「五世其昌」，難怪鼠輩倚多為勝，一直橫行無阻。話說回來，在時下各種滅鼠的方法中，總不及捕而食之，最大快人心了。況且牠的美味，只要烹調得法，令人難以抗拒。

▎蜜唧

　　人類食鼠的歷史久遠，一旦遇上荒歉，常饑不擇食，上古時期，恐怕就已食鼠，只是信史不載。且以中國為例，當饑餓難耐時，鼠類無不遭

殃。像西漢的蘇武被迫在北海牧羊時，冬日三餐不繼，只好藉掘野鼠、吃草根來裹腹。東漢末年，袁紹兵圍青州，守將臧洪糧盡，部下掘鼠為食，苦撐以待援兵。而身處圍城、無物可食之際，鼠價也貴得嚇人，例如元朝末年，自稱「吳王」的張士誠，被明將徐達困於姑蘇城內，九個月後，軍民糧食無著，區區一隻老鼠，竟要索價百錢。此見於明人楊循吉的《吳中故語》中，想必所言不假。

為滿足口腹之慾而食鼠輩，據張鷟《朝野僉載》的記載，早在唐朝時，嶺南人就好此道。其文指出：「嶺南獠民，好為『蜜唧』，即鼠胎未瞬（睜眼），通身赤蠕者，飼之以蜜，釘之筵上，囁囁而行，以筯（筷子）挾取啖之，唧唧作聲，故曰『蜜唧』。」意即嶺南（今兩廣）人士愛吃眼睛尚未睜開、渾身紅通通、蠕蠕而動的小鼠，先餵食蜂蜜，再盛盤上桌，吃時「唧唧作聲」，入口甜滋滋的，所以稱為「蜜唧」，亦有用其諧音，另寫作「蜜鯽」者。

到了蘇軾謫居儋州（今海南島）期間，苦無肉品可食。此時其弟蘇轍，也因造化弄人，被貶到隔海相望的雷州，瘦骨嶙峋，好不可憐。蘇軾便在〈聞子由瘦〉詩中，道出自己在儋耳乏肉可食的苦況，詩云：「五日一見花豬肉，十日一遇黃雞粥。土人頓頓食薯芋，薦以熏鼠燒蝙蝠；舊聞蜜唧嘗嘔吐，稍近蝦蟆緣習俗。」並自注說：「儋耳至難得肉食」，處此窘境，就不得不找其他代用品了。「熏鼠燒蝙蝠」，以今日觀之，乃標準的野味，他是否欣然就口？詩中並未明言。我個人則認為，這些都是熟食，應該可以接受。但生食的「蜜唧」，一聽到便想吐，恐怕無福消受。但這只是「舊聞」，最後這位「我被聰明誤一生」的大才子，在無肉可食之下，終就還是看「破」一切，咬牙切齒吞下。

此菜在明人馮夢龍的《古今譚概》中，又露臉一次，只是當時叫做「蜜唧唧」，顯然是側重牠的叫聲而命名。

　　清末時，以誘擒太平天國翼王石達開而聞名的岑毓英，特嗜此味。據野史上的記載，當他擔任雲貴總督時，某日獨用晚餐，恰巧侍候他多年的長隨請病假，臨時由一個雲南籍的戈什哈（滿語「親兵」）代班，在一旁侍候著。

　　但見餐桌正中擺了個精美瓷盤，一掀開蓋子，盤內有十來隻剛出生的鼠仔，周身尚未長毛，皮膚呈粉紅色，眼睛也沒睜開，在蠕蠕爬動著。偶爾在翻跌時，會發出細微的吱吱聲響。瓷盤周圍排著幾個小碗，分別盛放著各式蘸料。

　　岑大帥據案獨坐，自斟自飲，不時將手伸向盤中，把鼠仔從尾巴拎起，倒提著浸向旁盛佐料的碗裡，蘸些調味料，仰頭往嘴送去，或囫圇吞，或慢慢嚼，享受那不可名狀的美味，同時聆聽鼠仔臨死前的唧唧叫聲，這種色、聲、香、味的極致享受，真個是南面王不易也。

　　此情此景，讓那位頭回侍候的戈什哈呆若木雞，愣在一旁，嚇得不知所措。岑毓英偶一回頭，但見這一戈什哈目不轉睛地望著盤中的「珍饈」，以為口有同嗜。心想處此窮鄉僻壤中，居然能遇知音，自然樂不可支，登時把大帥的身分擱在一旁，和顏悅色的對著那名親兵說：「沒想到你也愛吃這玩意兒，好，好，好，大帥就賞你一隻吃。」

　　總督大人親賜珍味，那簡直是曠世恩典，小小親兵豈敢拒絕？但要他吞下這種渾身通紅、一毛不生、蠕蠕而動的老鼠仔，根本要他老命，真是難為的緊。他在打千謝過大帥地恩賜後，硬著頭皮拎起一鼠，趁大帥掉頭斟酒當兒，順手將那隻鼠仔塞進衣袋裡，想要矇混過關。

◎ 明宣宗朱瞻基所繪《苦瓜鼠卷》，畫中老鼠仰望苦瓜，顧盼之情，頗為生動

　　「這兒佐料齊全，你怎麼不趁現在吃呢？」沒想到戈什哈的舉動，被大帥瞧得一清二楚。一時手足無措的戈什哈，突然靈機一動，想起那「懷橘遺親」的故事來，馬上跪下回道：「小的母親也愛吃這個，但此稀罕之物，平常很難得到，今蒙大帥賞賜，小的斗膽，想帶回去讓家母好生受用。」岑大帥一聽，大為感動，頻頻點頭道：「沒想到你還是個孝子，本帥就成全你，由你帶兩個回去，我另外再賞你兩個，你就在這裡好好吃吧！」他怕這戈什哈拿回去後，捨不得自己吃，全孝敬老娘去了，豈不辜負「相知」奇遇？這戈什哈再也無計可施，只得硬著頭皮，連吞兩隻鼠仔。回去之後，居然大病一場，差點把命送掉。

　　戈什哈真不識貨。據徐珂編的《清稗類鈔》在〈粵人食鼠〉條下記載著：「粵肴有所謂蜜唧燒烤者，鼠也。豢鼠生子，白毛長分許，浸蜜中。食時，主人斟酒，侍者分送，入口之際，尚唧唧作聲。然非上賓，無此盛設也。其大者如貓，則乾之以為脯。」

　　文中的燒烤，顯然有誤，蓋食蜜唧，或生吞，或細嚼，皆生食。不過所謂鼠脯，倒是載於《嶺南雜記》一書中，指出：珠江三角洲以鼠為佳

餚，鼠脯乃「順德縣佳品也。鼠生四野中，大者重二斤，斸（音竹，似鋤之器）得其穴，累累數十，小者縱之，大者以爲脯，以待客，筵中無此，以爲不敬。」此外，閩西寧化縣的特產——熏鼠，在明、清時期，即天下聞名。當地人於每年立冬後，將捕得的田鼠及山鼠，經蒸煮、脫皮、剖腹去腸肚後，把肉、肝、心一起置於盛有米飯或細糠的熱鍋中，熏烤成乾。其成品光亮透紅，味香可口，不僅是席上佳餚，而且還是出口的搶手貨。由於此物具有補腎之功，可治尿頻及小兒遺尿等症。曾與粵中的鼠脯同爲二十世紀六〇年代銷往港、澳地區的「特產」。

話說回來，唐人段成式在《酉陽雜俎》中，盛讚蜜唧這道菜「其味極美」。由於它具有驅風寒、治頭疼之功效，到了二十世紀二〇年代時，仍是席上之珍，像廣州四大酒家之一的「大三元」，即有「蜜汁老鼠」這道菜。據已故美食家唐魯孫回憶，早年位於上海北四川路的「秀色酒家」，「不但飣盤盒絢艷悅目，就是桌椅屏風也是螺甸酸枝，堆金砌玉的富麗」，而且在開張前，特地備了一桌盛筵，請其試試廚中手藝。

據他回憶說：「這一席石髓玉乳，珌果璇蔬，眞稱得上有美皆備。」而在此一菜單中，便有一道「蜜汁乳實」。「等這道菜上來，是一隻金鏤雕花的腰圓盤子，上頭還有一隻鏨花飛簷的銀罩，掀開食盒正中，是玫瑰紫跟乳黃醬色調味料擠出來的兩朵玫瑰花，圍著玫瑰色一圈頭裡尾外還沒長毛的小乳鼠，主人拎起鼠尾正在讓客」，饒是見多識廣、食遍大江南北的他，「一看這種場面，渾身起個雞皮疙瘩，連看都不願看，趕緊起身避席而出」。唐老接著又說：「那一盤蜜鼠約有二〇隻，同席的人，也只有三、四位敢吃。同席有位海南人席仲峰獨啖四、五隻，還吃得津律有味」，總算讓他老人家大開眼界。

◎ 紅燒田鼠烹調的過程

　　自政府遷台後，也有些小館供應蜜唧，但名字已改成「三叫天」或「三叫菜」了。其中最有名的一家，開在嘉義市噴水池附近的巷弄中，甚受老饕們歡迎。我有位張姓食友，曾去過好幾次，一直津津樂道。但自從此店歇業後，全台不再聽聞蜜唧或其相關菜名，恐怕已成廣陵絕響。

黃鼠、竹鼠味極佳美，引人入勝

　　蜜唧用的是田鼠和山鼠，除此而外，中國人另用兩種名見經傳的老鼠製作美味，由來既久，味極佳美，引人入勝。牠們分別是北方的黃鼠與南方的竹鼠，且為看倌們道其一二。

　　黃鼠因其「見人則交其前足，拱而如揖」，故又名「禮鼠」、「拱鼠」，俗稱為「貔狸」、「大眼鼠」、「地松鼠」。主產於當今內蒙、東北、河北、山西等地，古時遼人視為珍品，金、元時期，仍充肉中上品。明人李時珍在《本草綱目》寫道：「黃鼠出太原、大同、延綏及沙漠諸地，皆有之。遼人尤為珍貴。狀類大鼠，而足短善走，極肥。……味極肥美，如豚子

（即乳豬）而脆……遼金之時，以羊乳飼之，用供上用（指皇帝）膳，以為珍饌。」又，據明代《菽園雜記》記載：「宣府、大同之墟（指今河北西北部長城內外，大同則為今山西省大同市），產黃鼠，秋高時肥美，土人以為珍饌，守臣歲以獻，及饋送朝貴，則下令軍中捕之。價騰貴，一鼠可值銀一兩，頗為地方貽害。」同時，黃鼠也是宮廷珍饈，明中使劉若愚在《酌中志·飲食好尚》「一月」條下亦寫著：「燈市至十六更盛，天下繁華，咸萃於此。斯時所尚珍味，則多筍……塞外之黃鼠。」足見歷遼、金、元、明四朝，黃鼠一直是宮廷名菜。更因其「味極肥美」，元時曾為「玉食之獻，置官守其處，人不得擅取也」。到了清聖祖康熙年間，山右人（指太行山之右）仍珍愛非常，等閒不易吃到。

在《清稗類鈔》中，對黃鼠的習性記載甚詳。云：「穴處，各有配匹，人掘其穴，見其中作小土窖，若床榻之狀，則牡牝所居之處也。至秋，則蓄黍、菽、草木之實以禦冬。天氣晴和，則坐穴口，見人，則拱前腋如揖狀，即竄入穴，惟畏地猴，縱地猴入其穴，則以喙曳而出之。」

以撰寫《食憲鴻秘》而享譽食林的清代大詞家朱彝尊，曾遊大同，在宴席中嚐到此一美味，乃記之以詞，調寄〈催雪〉，詞云：「倦擁癡床，寒禦旨蓄，多事拱人嬖（音閉，卑賤得寵之意）屑。惹花豹騰山，地猴臨穴。五技頓窮就掩，趁快馬攜歸，捎殘雪刲肝驗膽，油蒸糝附，寸膏凝結。鏤切，俊味別。耐伴醉夜闌，引杯稠疊，更何用晶鹽，玉盤陳設。一種低徊舊事，想獨客三雲愁時節，喚小妓並坐教嘗，聽唱塞垣風月。」夜闌時分，品嘗佳餚旨酒，北地胭脂作伴，這股快樂勁兒，真是無以上之。

中醫認為黃鼠雖味甘，性平、無毒，可潤肺、生津，但切忌不可多食。元太醫忽思慧在《飲膳正要》中即指出：「多食發瘡。」

◎ 竹鼠肉頗受一些老饕的喜愛

　　竹鼠為野味類烹飪食材，屬哺乳綱、囓齒目、竹鼠科。古稱竹鼺、竹狨、篱鼠。其俗名甚多，如四川人叫「吼子」，廣東人叫「土麟」，雲南人叫「獨鼠」等，另有「竹豚」、「芒鼠」、「芒貍」、「管獠」等名稱。中國分布的有品目有中華竹鼠、銀黑竹鼠、大竹鼠等三種。整體觀之，體形肥壯，四肢粗短，其頭鈍圓，吻則較大。吻部有黑褐色長鬚，眼小，耳短，隱於毛內，尾被有稀毛或無毛。成鼠毛棕灰色，重在一公斤半至三公斤間。穴居於山間竹林或灌叢、草叢中，以竹根、竹筍、竹竿以及芒果等為食。分布於長江以南廣東、廣西、雲南、貴州、四川、福建、浙江等地。肉潔白而細嫩，味甚鮮美，勝過雞、魚，為著名野味。民間向有「天上的斑鳩，地下的竹鼺」之說，嗜其美滋味者，歷來不乏其人。

　　中國食用竹鼠的歷史極為久遠，在新石器時代周口店、半坡等遺址中，均發現多量的竹鼠化石。漢代《說文》已有竹鼺之名。南宋周去非〈嶺外代答〉中，亦有食用竹鼠的記載。另，《清稗類鈔》中，則謂：「竹豚，略似鼠，產浙江之平陽，南雁山有之，山多竹，以筍為食，不食他葉。得之者沃以沸水，毛盡脫，煮之、炒之均可，清腴爽口，潤肺消痰。徐印香舍人在平陽時，嘗以為常餐。」算是對竹鼠的產地、習性、煮法、

滋味及食療作用等，講得相當詳盡。

而在烹調運用時，宰殺竹鼠，通常用沸水燙刮去毛，剖腹去臟雜，明火燎盡絨毛，剁去四爪，洗淨之後，即可烹製；如欲留毛皮，可用剝皮法，烹製既可整用，也可斬塊。烹調之法，甚適宜紅燒，亦可以蒸、燉、煨、燴等法成菜。其名菜有雲南清蒸竹鼠。廣西雙冬（配以冬筍、冬菇燒製）燒竹鼠、黃豆燜竹鼺及苗族的紅燒獨鼠肉等，香港著名的美食家萬嘗，曾在《四方集》提到他去桂林旅遊時，叫了一碟紅燒竹鼠。嚐過之後，認為這個野味在「紅燒之後並無羶味，肉質鬆滑而活，比吃豬、牛肉，不知遠勝多少倍」。

中醫認為竹鼠味甘、性平，具有益氣、養陰、解毒等功效。民間常用以治療身體虛弱、年老腎虧，產後貧血等症，且配以北芪、黨參、淮山、枸杞子等一同燉食。

▌松鼠、鼯鼠亦是不可多得的野味

比較起來，松鼠及鼯鼠亦是不可多得的野味，好其味者，亦復不少，但受地緣限制，名號因而不顯。

《醫林纂要》稱松鼠為「栗鼠」，東北一帶稱之為「灰鼠」，肉滑而細，脆而甘。鄂倫春人捕食後，用來製作火烤肉、火燒肉及清燉肉等食用；基諾族的菜餚中，則有松鼠肉湯一味。而在吉林菜中，亦常用此入饌，以饗貴客。台灣的原住民則特好其腸尾端，於獵獲之後，剖腹刮腸，隨即將底部那一段碧綠泛光的部位生食，芽香馥郁，帶有腥氣，食之脆美。我曾嘗過一次，其味不同凡響，迄今仍難忘懷。基本上，中醫認為其

◎ 芒鼠肉，「芒鼠」即竹鼠的別稱

肉味甘、性平，可收潤肺、生津之效。

　　鼢鼠另名「鼺鼠」、「犁鼠」、「鼹鼠」俗稱「瞎老鼠」，多分布於中國的東北、西北及青海地區。肉質細嫩肥美，於去皮及內臟後，可供烤炙或燉食。中國自古即已食用，像晉人陶宏景《名醫別錄》便指出：「鼺鼠在土中行，五月取令乾，燔之。」另，中醫認為其肉味鹹、性寒，可解毒、理氣、殺蟲。至於其食味，《清稗類鈔》中倒述之甚詳，云：「青海有鼹鼠，窟處土中，黃灰色，較家鼠身肥短，尾不及寸。土人有捕而炰啖者，加辣椒，味甚美。有遊青海者，嘗食之，謂實勝粵人所食之鼠也。」對其滋味，評價極高。

　　至於吃家鼠這檔子事，大多數人一定覺得非常噁心，所以舊時的潮州人食而諱之，稱為「家鹿」。其種類不少，如褐家鼠、黑家鼠、黃胸鼠等，均可食用，亦頗脆美。吃前，一定要注意毒死者不食，並去其內臟、頭尾、四肢和毛皮後方食，即無大礙。但一想到牠的惡形惡狀及不乾不淨，奉勸諸君還是少吃為妙。畢竟，現今可享的肉食極多，絕無非吃不可的道理。

在聊完食鼠之後，且再談一種珍奇之香鼠，牠專門用來聞其香，而不是入饌的。其數量稀少，現恐已絕跡。

原來位於河南的密縣，其西南嵩山餘脈多深溝大谷，林木茂密，出產一種極為珍貴、能發出濃烈香氣的香鼠。當地農民捕獲後，即販與富貴人家，有女出嫁時，將乾枯之香鼠，置於箱籠衣物之中，其香歷久不衰，有達十數載之久者。夸夸其談，委實讓人難以置信。還是《密縣志》所描述的，較為合理可靠，指出：「密縣西山中多香鼠，較凡鼠頗小，死有異香，蓋山中之鼠，多食香草，亦如獐之有香臍也。山中人得則置篋笥中，經年香氣不散。」此外，《中州雜俎》亦謂香鼠「產開蝎山周圍三里內，樵牧者偶遇之，不能多得，經行人之路，則抱蒿莖棘枝而死」；同時「密縣雪霽山出香鼠，長寸餘，齒鬚畢具，類香獐，過大路則死」。由此，亦可觀知造物化育之妙，可謂無奇不有；且此大千世界、芸芸眾生之中，可珍可寶者極多。

我本是個嗜鼠之徒，過口的鼠輩不知凡幾，尤以田鼠、山鼠為最。其中，不乏精饌美味，令我念念不忘。不過，而今台灣的鼠源（指田鼠）枯竭，想要痛啖一番，往往不能如願。值此鼠年將屆，特撰食鼠一文，既發思古情懷，且誌其味至美，只是現已無處下筋，寫來不無傷感罷了。

麥田文學 RL1230

六畜興旺

作　　　者／朱振藩
選　書　人／陳蕙慧
責 任 編 輯／林怡君
副 總 編 輯／林秀梅
總　經　理／陳蕙慧
發　行　人／凃玉雲
出　　　版／麥田出版
　　　　　　城邦文化事業股份有限公司
　　　　　　台北市104中山區民生東路二段141號5樓
　　　　　　電話：(02)2500-7696　　傳眞：(02)2500-1966
　　　　　　部落格：http://blog.pixnet.net/ryefield
發　　　行／英屬蓋曼群島商家庭傳媒股份有限公司城邦分公司
　　　　　　台北市民生東路二段141號2樓
　　　　　　書虫客服服務專線：02-25007718・02-25007719
　　　　　　24小時傳眞服務：02-25001990・02-25001991
　　　　　　服務時間：週一至週五09:30-12:00・13:30-17:00
　　　　　　郵撥帳號：19863813　　戶名：書虫股份有限公司
　　　　　　讀者服務信箱E-mail：service@readingclub.com.tw
　　　　　　歡迎光臨城邦讀書花園 網址：www.cite.com.tw
香港發行所／城邦（香港）出版集團有限公司
　　　　　　香港灣仔駱克道193號東超商業中心1樓
　　　　　　電話：(852) 25086231　　傳眞：(852) 25789337
　　　　　　E-mail：hkcite@biznetvigator.com
馬新發行所／城邦（馬新）出版集團【Cite(M)Sdn. Bhd.(458372U)】
　　　　　　11, Jalan 30D/146, Desa Tasik,
　　　　　　Sungai Besi, 57000 Kuala Lumpur, Malaysia.
　　　　　　電話：(603) 90563833　　傳眞：(603) 90562833

美 術 設 計／江孟達工作室
印　　　刷／鴻友印前數位整合股份有限公司

■2009年（民98）12月15日　初版一刷　　　　　Printed in Taiwan.

定價／260元

著作權所有・翻印必究
ISBN 978-986-173-585-6

國家圖書館出版品預行編目資料

六畜興旺／朱振藩著. -- 初版. -- 臺北市：
麥田，城邦文化出版：家庭傳媒城邦分公
司發行, 民98.12
　面；　公分. --（麥田文學；RL1230）
ISBN 978-986-173-585-6（平裝）

1.飲食　2.文集

427.07　　　　　　　　　　　98021575

城邦讀書花園
www.cite.com.tw
書店網址：www.cite.com.tw

如有選文或照片因無法尋得作者本人（後人）的近址，而未能與作者本人（後人）
取得連繫，相關授權事宜，誠請撥冗賜示，主動與麥田出版 02-2500-7696接洽。